输变电设备风害

典型案例分析

董新胜 主 编

张 陵 张 博 王 建 黄 浩 副主编

中国电力出版社
CHINA ELECTRIC POWER PRESS

内 容 提 要

本书以新疆为例，整理并总结了输变电设备风害典型案例，在此基础上，提出了相关应对措施，为相关专业人员提供重要参考。

本书共分为七章，分别为风场的数值分析基本方法，导线风偏跳闸，电力金具磨损，导线断股断线，输电杆塔损坏，避雷针风致振动疲劳，其他设备典型风害故障案例。

本书适合电力设备防灾减灾科技人员参考，也适用电力设备运维检修技术人员，可为从事沙漠风害地区输变电工程设计、运行维护等专业的科研与生产人员提供参考，也可以作为相关专业教职人员、研究人员的参考资料。

图书在版编目（CIP）数据

输变电设备风害典型案例分析 / 董新胜主编. —北京： 中国电力出版社，2022.7
ISBN 978-7-5198-6750-8

Ⅰ. ①输… Ⅱ. ①董… Ⅲ. ①输电–电气设备–风灾–案例②变电所–电气设备–风灾–案例 Ⅳ. ①TM72②TM63

中国版本图书馆 CIP 数据核字（2022）第 076779 号

出版发行：中国电力出版社
地　　址：北京市东城区北京站西街 19 号（邮政编码 100005）
网　　址：http://www.cepp.sgcc.com.cn
责任编辑：罗　艳（yan-luo@sgcc.com.cn，010-63412315）
责任校对：黄　蓓　常燕昆
装帧设计：张俊霞
责任印制：石　雷

印　　刷：三河市航远印刷有限公司
版　　次：2022 年 7 月第一版
印　　次：2022 年 7 月北京第一次印刷
开　　本：710 毫米×1000 毫米　16 开本
印　　张：14.75
字　　数：247 千字
印　　数：0001—1000 册
定　　价：108.00 元

编写人员名单

主　　编　董新胜

副 主 编　张　陵　张　博　王　建　黄　浩

编写人员　杜　平　金　铭　赵普志　付　豪

　　　　　王立福　杨　洋　郭克竹　赵蓂冠

　　　　　李　孟　刘　威　董仲凯　曾　东

　　　　　胡　帅　李晓光　王红霞　朱咏明

　　　　　张力夫　王　奇　庄文兵　马永录

　　　　　郑子梁　刘举成　张小军　杨定乾

　　　　　周利兵

前　言

　　我国是风能资源比较丰富的区域，风能能够造福人类，使人类获取能源，此外，也对人们生产生活带来危害。以输变电设备为例，"风害"能够造成输电线路风偏跳闸、金具磨损断裂、导地线断股断线、塔材变形，严重的情况下能够造成杆塔倒塌的恶性事故。输变电设备风害地区分布广泛，以西北、东北和沿海等区域尤为显著，这些地区长期存在着极端风害，给输变电设备建设、运行维护和检测检修等工作带来了巨大的难题，同样也给电力设备的安全运行带来严重危害。

　　本书作者以多年来的新疆典型案例为例，结合其他区域的输变电风害案例，整理并总结了输变电设备风害典型案例，在此基础上，提出了相关应对措施，为相关专业人员提供重要技术参考。

　　国网新疆电力有限公司和湖北大学深度联合，依托疆电外送的特高压输电工程，环绕塔克拉玛干沙漠、穿越西天山等多条 750kV 输变电工程，以及其他区域的风区线路，从实际输变电设备发生的各种风害故障出发，研究了输变电设备风害故障发生的机理，总结了输变电设备发生风害的规律及特点，从实际工程中发生的典型案例进行了故障原因分析并提出了相应改造防范措施。

　　本书由董新胜、张陵、张博、王建和黄浩共同完成，李岳彬教授和楼平教授负责审稿和校核。共分为七章，第一章由张陵、杜平、董新胜、金铭、赵普志和付豪执笔，介绍了风的基本概念、风场实测和分析、场址长期风速资料分析；第二章由董新胜、黄浩、王立福、杨洋、郭克竹、赵蒉冠和李孟执笔，详细介绍了导线风偏跳闸机理和案例；第三章由董新胜、朱咏明、王奇、杨定乾、周利兵和刘举成执笔，着重于电力金具磨损的机理、案例和应对策略；第四章由董新胜、张博、刘威、董仲凯、曾东、胡帅和王红霞执笔，着重于导线断股断线的机理、案例和应对措施；第五章由董新胜、王建、张陵、庄文兵、马永录和郑子梁执笔，介绍了输电杆塔风害故障机理、案例和应对措施；第六章由董新胜、黄浩、赵蓂冠、李孟、刘威、董仲凯和张力夫执笔，介绍了避雷针风害故障机理、案例和应对措施；第七章由张陵、张博、董新胜、王建、金铭、赵普志、付豪、张力夫和张小军执笔，介绍了其他变电设备典型风害故障机理、案例和应对措施。

中国电力科学研究院邬雄教授、国网电力科学研究院聂德鑫研究员和湖北大学胡永明教授提出了宝贵建议，在此一并表示感谢。本专著介绍的案例、方法、技术、装置和标准适用于整个电力系统，适合电力设备防灾减灾科技人员参考，也适用电力设备运维检修技术人员，可为从事风害地区输变电工程设计、运行维护等专业的科研与生产人员提供参考，也可以作为相关专业教职人员、研究人员的参考资料。

由于水平和经验有限，书中难免有缺点或错误，敬请读者批评指正。

编 者

2022 年 4 月

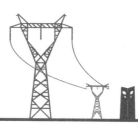

目　录

前言

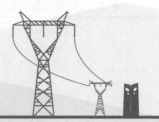

第一章　风场的数值分析基本方法

第一节　概　　述

自然风一般包含平均风和脉动风。

平均风的风速大小与所处位置的海拔有关，在大气边界层内，平均风沿高度的变化规律称为平均风速梯度或风速剖面，也就是风速轮廓线，风速轮廓线的具体形状与所处位置的地表粗糙度有着密切的关系；平均风的自振周期一般超过 10min，因其周期远高于一般结构物的自振周期，故在分析中一般把它当做静力荷载来处理。

脉动风是一种包含横风向、垂直向以及顺风向三个方向的风紊流，垂直向、横风向的风紊流相对较小，在结构分析中一般可以忽略；脉动风通常具有随机性，随时间变化，周期较短，分析中一般把脉动风作为具有零均值的平稳高斯随机过程，它作用在结构上将产生动力作用，能够引起结构发生随机振动，因此研究脉动风特性对分析工程结构的风振响应具有重要作用。

在风荷载的时程曲线中，一般包含两种成分：一种是长周期部分，其值常在 10min 以上；另一种是短周期部分，常仅有几秒左右。由于风的长周期远远大于构筑物结构的自振周期，其对结构的作用相当于静力作用。脉动风是由于风的不规则性引起的，它的强度随时间按随机规律变化，由于它的周期较短，因而其作用性质是动力的，会引起构筑物结构的振动。

时域内脉动风荷载的分析，就是用随机过程模拟的方法得到脉动风速时程和脉动风载时程。目前，随机过程的模拟方法可以分为线性滤波法和谐波合成法两类。

第二节 风的基本描述

一、平均风特性

平均风速的大小与所处位置的海拔有关，在大气边界层内，平均风速沿高度的变化规律称为平均风速梯度或风速剖面，也就是风速轮廓线。目前较为常用的风速剖面模型主要有对数型和指数型：一种是根据边界层流理论得出的对数风剖面，另一种是 Davenport 根据实测结果分析得出的指数剖面。

（一）对数型风剖面

对数型剖面表示的大气底层强风风速轮廓线较为理想，气象学家认为在100m 高度范围内它可以较满意地模拟实际的风速分布，超过这一高度则略为保守，在强风时，对数型风剖面的适用范围可达 200m 左右。对数型风剖面的表达式为

$$\overline{v}(z_1) = \frac{1}{k}\overline{v}^* \ln\left(\frac{z_1}{z_0}\right) \qquad (1-1)$$

式中　$\overline{v}(z_1)$ ——z_1 高度处的平均风速；

　　　　$\overline{v}^*$ ——大气流动剪切速度；

　　　　k ——卡曼系数，一般取为 0.40；

　　　　z_0 ——地面粗糙长度，m。

（二）指数型风剖面

Davenport 根据多次观测统计现场风速资料整理出了不同场地下的风剖面，提出平均风速沿着不同高度处变化的规律可用指数函数描述

$$\overline{v}(z) = \overline{v}_b \left(\frac{z}{z_b}\right)^{\alpha} \qquad (1-2)$$

式中　$\overline{v}(z)$ ——任一高度处的平均风速；

　　　　$\overline{v}_b$ ——标准参考高度处的平均风速（标准参考高度一般取 10m）；

　　　　α ——地面粗糙度指数，地面越粗糙，指数 α 越大。

我国采用的是指数型风剖面作为建筑结构荷载规范，并依据地面粗糙度的不同分为 A、B、C、D 四类，不同类别的地貌，粗糙度系数 α 取值不同，具体区分见表 1-1。

表1-1　　　　　　　　　　　　地面粗糙度的类别及相应描述

地面粗糙类别	下垫面性质	α（地面粗糙度系数）
A	近海海面、海岛、湖岛、湖面及沙漠地区	0.12
B	指田野、乡村、丛林及房屋比较稀疏的乡镇和城市郊区，高度为 1.5～10m 的少量分散障碍物等的开阔地带、草地	0.15
C	指有密集建筑群的城市市区、房屋高度 5～10m 的建筑覆盖的地区	0.22
D	指有密集建筑群砌房屋较高的城市市区，至少有 50% 的房屋高度超过 20m	0.30

由于平均风速随着建筑物高度及建筑物所在地区地貌不同而发生变化。所以，为了方便分析不同地区不同高度处的平均风速和风压，需要规定统一的标准高度、地貌、平均风时距和重现期，将在上述统一标准条件下测得的风速和风压称为基本风速和基本风压。我国建筑结构荷载规范规定了在离地 10m 高度处、一般空旷平坦地形下、平均风的时距为 10min、重现期为 50 年的最大平均风速为基本风速。而基本风压可以通过基本风速的相关换算得到，换算公式如下

$$w_0 = \frac{v_0^2}{1600} \qquad (1-3)$$

式中　　w_0——基本风压；

　　　　v_0——基本风速。

在一般的抗风结构设计中，通常是将风载简化成静力荷载作用在结构上，而这与实际的风场情况是不相符的。结构实际所受的风荷载包括长周期的静力荷载作用和短周期的动力荷载作用，在分析高耸结构的风振响应时，通常根据最大效应等效的原则将动力作用的脉动风荷载等效为静力荷载，这样就可以将施加在结构上的风荷载统一转化为静力荷载，大大方便了结构的设计分析。

等效静力荷载法有以下两种表达形式：

（1）平均风荷载加上脉动风荷载的方法。结构在任一高度 Z 处的平均风荷载 ω_{zs}，由于场地的地貌、结构的高度、结构的体型不同而有所差异，表示为

$$\omega_{zs} = \mu_s \mu_z \omega_0 \qquad (1-4)$$

式中　　ω_0——标准地貌下 10m 高度处的风压，常称为基本风压；

　　　　μ_z——结构所在场地高度 z 处的风压高度变化系数；

　　　　μ_s——结构的风荷载体型系数。

由随机振动分析可知，任一高度 z 处的脉动风等效静风荷载 ω_{zd} 可表示为

该处的平均风荷载乘上一等效系数 η_z，具体表达式为

$$\omega_{zd} = \eta_z \mu_s \mu_z \omega_0 \qquad (1-5)$$

由此等效静力风荷载 ω_z 公式为

$$\omega_z = \omega_{zs} + \omega_{zd} \qquad (1-6)$$

（2）平均风荷载乘上风振系数的方法。由于任一高度 Z 处的风荷载 ω_z 为平均风荷载 ω_{zs} 和脉动风荷载 ω_{zd} 的迭加，所以式（1-6）可改写成

$$\omega_z = \omega_{zs} + \omega_{zd} = (1 + \eta_z) \mu_s \mu_z \omega_0 \qquad (1-7)$$

也就相当于在平均风荷载前乘以一个风振系数 β_z，大大方便了工程结构的设计。现阶段，我国和世界上的绝大多数国家都采用此种方法进行风荷载的计算。

二、脉动风特性

由于脉动风荷载是随时间 t 变化的随机荷载，具有动力性质，能够引起结构发生随机振动，所以，研究脉动风特性对分析工程结构的风振响应具有重要作用。现有资料表明，描述脉动风特征的参数有两类，即空间特征参数和能量特征参数。其中，空间特征参数包括湍流积分尺度和空间相干函数。能量特征参数包括湍流强度和脉动风功率谱。

（一）湍流强度

大气湍流是引起脉动风的原因之一，湍流强度是描述衡量脉动风大小的重要标志，也是描述大气湍流的最直接简单的参数，且气流中的脉动风成分占比和湍流强度成正比。根据大量的风速仪记录统计可知，脉动风速均方根和平均风速成比例，因此，某一高度 z 处的顺风向湍流强度定义为

$$I(z) = \sigma_{vf}(z) / \bar{v}(z) \qquad (1-8)$$

式中 $I(z)$ ——高度 z 处的湍流强度；

         $\sigma_{vf}(z)$ ——顺风向脉动风速均方根值；

         $\bar{v}(z)$ ——高度 z 处的平均风速。

其中 $\sigma_{vf}(z)$ 随高度的增加而减小，平均风速则随高度增加而增加，所以湍流强度随高度的增加而减小，其具体分布规律与地貌特征有关，一般为 $10\% \sim 20\%$。

（二）湍流积分尺度

湍流积分尺度用于度量气流中的湍流涡旋平均尺寸，其中，湍流积分尺度定义如下

$$L = \frac{1}{\sigma^2(u)} \int_0^\infty R_{u_1 u_2}(r)\, \mathrm{d}r \qquad\qquad (1-9)$$

式中　$R_{u_1 u_2}(r)$——两个顺风向速度分量 $u_1 = u(x,y,z,t)$ 和 $u_2 = u(x',y',z',t')$ 的
相关函数；

　　　　$\sigma(u)$——u_1 和 u_2 的均方根值。

日本规范（AIJ2004）建议湍流积分尺度的经验公式为

$$L_x = 100(z/30)^{0.5} \qquad\qquad (1-10)$$

（三）脉动风速谱

脉动风是一种典型的均值为零的高斯随机过程，研究其动力响应时必须要考虑概率特性。在应用随机振动理论对脉动风进行计算时，脉动风速功率谱密度是不可或缺的资料。相关空气动力工程专家对脉动风速功率谱进行了大量的研究，总结出了目前国际上常用的几种风速谱形式，即 Davenport 谱、Simiu谱、日本盐谷、新井谱、Kaimal 谱和 Harris 谱。它们最显著的区别在于，近地面湍流积分尺度是否随高度的改变而变化。其中，Davenport 谱和 Harris 谱是不随高度发生变化的（故不能反映风谱和高度的关系），实际上指的是 10m 高度处的风速谱，而其他三种脉动风速谱则随着高度而变化。以下简要介绍这五种风速谱。

1. Davenport 谱

Davenport 在世界上多个地区不同高度的气象站进行观察测量，得到了 90多次强风记录，假定脉动风速谱是各个离地高度实测值的平均值，并取其中的湍流积分尺度为 1200，则建立的经验表达式为

$$S_v(n) = 4k\overline{v}_{10}^2 \frac{x^2}{n(1+x^2)^{4/3}} \qquad\qquad (1-11)$$

其中　　　　　　　　　　　$x = 1200n / \overline{v}_{10}$

式中　$S_v(n)$——功率谱密度；

　　　　k——地面阻力系数；

　　　　n——脉动风的频率，$n = \omega/2\pi$；

　　　　$\overline{v}_{10}$——换算成标准高度的平均风速。

2. Simiu 谱

Simiu 提出的风速谱采用分段表示，其随高度的变化而改变，表达式为

$$S_v(z,n) = 200u_*^2 \frac{f}{n(1+50f)^{5/3}} \qquad\qquad (1-12)$$

其中，式（1－12）一般适用于全部风速谱，当 $f>0.2$ 时，采用下式

$$S_v(z,n) = 0.26u_*^2 \frac{1}{nf^{2/3}} \qquad (1-13)$$

其中，式（1－13）中的 f 表达式同式（1－12），u_* 为摩擦速度。

3. 日本盐谷、新井（Hino）谱

盐谷、新井发表了一种新的脉动风速谱，此谱同样考虑了湍流积分尺度随高度发生的变化。数学表达式为

$$S_v(z,n) = 6k\overline{v}_{10}^2 \frac{k_1 x_1}{(1+x_1^2)^{5/6}} \qquad (1-14)$$

$$k_1 = 0.475\,1$$

$$x_1 = 5344.341 \frac{k^{3/a}(z/10)^{1-4\alpha}n}{\alpha^3 \overline{v}_{10}} \qquad (1-15)$$

其余符号同前。

4. Kaimal 谱

卡曼提出的风速谱的表达式为

$$S_v(n) = 200u_*^2 \frac{x}{n(1+50x)^{5/3}} \qquad (1-16)$$

其中
$$x = nz / \overline{v}_z$$

式中　$\overline{v}_z$——z 高度处的平均风速。

同样，Kaimal 谱也考虑了沿高度的变化关系。

5. Harris 谱

哈里斯对 Davenport 谱做了些许修改，得到了 Harris 谱，表达式为

$$S_v(n) = 4u_*^2 \frac{x}{n(2+x^2)^{5/6}} \qquad (1-17)$$

其中
$$x = \frac{1800n}{\overline{v}_{10}}$$

各符号的意义同前。

由于 Davenport 谱形式简单且代表性强，在我国建筑结构荷载规范中进行风振系数的计算时得到了广泛使用，因此，本文后面也采用 Davenport 谱进行构筑物结构的脉动风速模拟。

（四）空间相关性

空间上相距为 r 的两点，其共同达到最大风速或风压的概率是很小的，且

此概率和两点的距离有关，两点相距越近，则同时达到最大风速或风压的概率就大，若相距越远，则概率就越小。对此，称脉动风的这种性质为脉动风的空间相关性。从文献中可知，相关函数是符合指数分布的，因此，Davenport 于 20 世纪 60 年代提出了关于指数形式的经验公式为

$$\mathrm{Coh}\,(\omega) = \exp\left[-C\frac{\omega r}{2\pi\bar{U}(z)}\right] \qquad (1-18)$$

式中　C——衰减系数；

　　　ω——指圆频率；

　　　r——计算点之间的距离；

　　$\bar{U}(z)$——z 高度处的平均风速，m/s。

上式同样可以用式（1-19）表示

$$\mathrm{Coh}\,(\omega) = \exp\left[\frac{-2n\sqrt{c_x^2(x_i - x_j)^2} + \sqrt{c_y^2(y_i - y_j)^2} + \sqrt{c_z^2(z_i - z_j)^2}}{\bar{U}(z_i) + \bar{U}(z_j)}\right] \qquad (1-19)$$

式中　c_x、c_y、c_z——x、y、z 三个方向的空间衰减系数，根据经验取值分别为 16、10 和 10。

三、脉动风速时程模拟方法

自然风速中的平均风速可认为是一个常量，而脉动风速是一个随机过程，结构在风荷载作用下产生的振动主要是由于脉动风引起的，所以风速时程模拟主要是脉动风的时程模拟。目前，风速时程的模拟方法主要有以下两类。

1. 线性滤波法

线性滤波法基于线性滤波技术，也被称为白噪声滤波法、状态空间法、时间序列法、Auto Regressive（AR）法等。

线性滤波法将人工生成的零均值白噪声随机序列通过滤波器生成具有指定频谱特征的随机过程，然后再由脉动风空间相关函数，得到一系列脉动风速时程。线性滤波法具有计算量小、效率高等特点，可以模拟多维的随机过程，在随机振动和时序的分析中得到了非常广泛的应用。但由于它在模拟脉动风速的过程中视不同高度点的脉动风速同相，这样就造成了线性滤波法在进行脉动风速模拟时的先天精度较差。

2. 谐波叠加法

谐波叠加法基于三角级数叠加求和，采用离散谱逐步逼近目标随机样本，是一种平稳随机过程的数值模拟方法。Rice 于 20 世纪 50 年代首先提出了谐波

叠加法的概念，但局限于模拟单一的平稳 Gauss 随机过程，Shinozuka 等经过不断改进，将谐波叠加法拓展到可模拟多变量、非平稳的 Gauss 随机过程。Yang 等人将快速傅里叶变换技术引入到该方法中，大大加快了脉动风速的模拟速度。由于谐波叠加法计算简单，并且能够得到精度较高的稳定数据，所以本文采用谐波叠加法来进行变电站构筑物结构的脉动风速时程模拟。

谐波叠加法采用一系列余弦波加权叠加以实现风速模拟。假设模拟时需要拟合的功率谱矩阵为 $S(\omega)$，见式（1-25）；基于 Cholesky 法可以把 $S(\omega)$ 分解为式（1-26）所示两个矩阵的乘积

$$S(\omega) = \begin{bmatrix} S_{11}(\omega) & S_{12}(\omega) & \cdots & S_{1,n-1}(\omega) & S_{1,n}(\omega) \\ S_{21}(\omega) & S_{22}(\omega) & \cdots & S_{2,n-1}(\omega) & S_{2,n}(\omega) \\ \cdots & \cdots & \cdots & \cdots & \cdots \\ S_{n1}(\omega) & S_{n2}(\omega) & \cdots & S_{n,n-1}(\omega) & S_{n,n}(\omega) \end{bmatrix} \qquad (1-20)$$

$$S(\omega) = H(\omega)H^*(\omega)^T \qquad (1-21)$$

式中 $H(\omega)$——下三角矩阵，表示为

$$H(\omega) = \begin{bmatrix} H_{11}(\omega) & 0 & \cdots & 0 \\ H_{21}(\omega) & H_{22}(\omega) & \cdots & 0 \\ \cdots & \cdots & \cdots & \cdots \\ H_{n1}(\omega) & H_{n2}(\omega) & \cdots & H_{nn}(\omega) \end{bmatrix} \qquad (1-22)$$

式中的对角线元素由自相关函数的性质可以得到

$$H_{jj}(\omega) = H_{jj}(-\omega), j = 1, 2, \cdots, n \qquad (1-23)$$

非对角线元素为

$$H_{jm}(\omega) = \left| H_{jm}^*(-\omega) \right| e^{j\theta_{jm}(\omega)} \qquad (1-24)$$

基于多维的随机过程样本模拟理论，采用谐波叠加法模拟的随机过程为

$$V_j(t) = \sum_{m=1}^{j} \sum_{k=1}^{N} \sqrt{2\Delta\omega} \left| H_{jm}(\omega_k) \right| \cos\left[\omega_k t + \psi_{jm}(\omega_k) + \theta_{mk}\right] \qquad (1-25)$$

式中 N——一个充分大的正整数，脉动风谱在频率范围内被划分成 N 个相同的部分；

$\Delta\omega$——圆频率的增量，用以划分脉动风圆频率的区间，$\Delta\omega = \dfrac{\omega_u}{N}$；

$\psi_{jm}(\omega_k)$——两个不同荷载作用点之间的相位角，具体模拟时可按式（1-27）进行计算；

ω_u——风谱的截止频率。

ω_k 可按式（1-26）取值

$$\omega_k = k\Delta\omega \, (k=1,2,\cdots,N) \qquad (1-26)$$

$$\psi_{jm}(\omega_k) = \arctan\left\{\frac{I_m\left[H_{jm}(\omega_k)\right]}{R_e\left[H_{jm}(\omega_k)\right]}\right\} \qquad (1-27)$$

式中　I_m 和 R_e——虚部和实部；

　　　θ_{mk}——介于 0 至 2π 之间均匀分布的随机数。

若要保证式（1-25）模拟的结果不失真，时间 t 的增量 Δt 须满足以下条件

$$\Delta t \leqslant \frac{\pi}{\omega_u} \qquad (1-28)$$

综上所述，只要已知目标谱功率谱密度 $S(\omega)$，恰当地选择 N、ω_u 和 Δt，就可以通过计算获得良好的随机过程样本。此处为了减少脉动风速的模拟时间，参考了文献，引入了 FFT 技术，大大提高了变电站构筑物结构脉动风速的模拟效率。

第三节　风场的现场实测与分析

针对某输变电工程进行了现场风场的采样，表 1-2 为选取部分有代表性的风速资料，风向角为来流风向与正北方向顺时针方向的夹角。

表1-2　　　　　　　　　现场实测风速资料

设备	时间	风向角（°）	实测风速（m/s）	主流方向分解风速（m/s）
OKSQ1	2016/9/26 13:00	105	7.50	7.29
OKSQ1	2016/9/26 13:01	85	7.26	7.24
OKSQ1	2016/9/26 13:02	52	4.86	3.83
OKSQ1	2016/9/26 13:03	110	6.59	6.19
OKSQ1	2016/9/26 13:04	75	5.34	5.16
OKSQ1	2016/9/26 13:05	83	7.36	7.31
OKSQ1	2016/9/26 13:06	44	5.63	3.91
OKSQ1	2016/9/26 13:07	116	6.78	6.10
OKSQ1	2016/9/26 13:08	107	6.40	6.12

对以上数据进行拟合，得出现场风速时程曲线如图 1-1 所示。

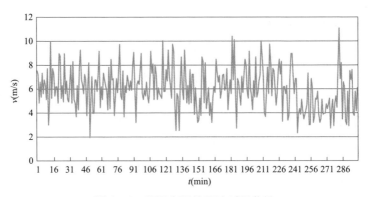

图 1-1　现场实测的风速时程曲线

由于构筑物的振动是由于脉动风引起的，平均风对构筑物的振动影响不大，因此，对以上风速时程进行处理，去除平均风，得到相应的现场脉动风风速时程。得到的现场 5h 时间段脉动风风速时程如图 1-2 所示。

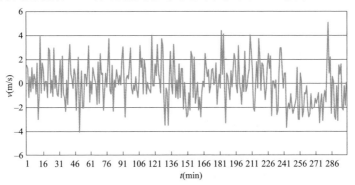

图 1-2　现场实测的脉动风速时程曲线

第四节　构筑物不同高度处风速数值模拟分析

一、基于实测风速资料的随机脉动风速模拟

根据现场试验期间风速仪所记录现场风速，实测某变电站风速记录仪采样区间内平均风速为 6.2m/s，按此高度的平均风速模拟出此高度的脉动风时程曲线，与现场实测构筑物脉动风速时程进行对比，发现其吻合度较好，可以进行下一步的风速模拟。

采用谐波叠加法进行脉动风速的时程模拟，对不同高度的构筑物脉动风速的模拟过程。

在实际的工程中，如果对每个节点的脉动风速时程都进行模拟，计算量巨大。为了减少脉动风速模拟的工作量，根据高耸构筑物的特点，特选取了以下节点作为风速模拟点。如图 1-3 所示，高 5、10、15、20、25、30、35、40、45、50、55、60m 处的节点作为风速模拟点。脉动风模拟相关参数如下所示：

（1）按结构所在地地面粗糙度类别，对于 A 类，地面粗糙度指数为规范规定的 0.12。

（2）为探究紊流度对结构风振响应的影响，选取了 $\kappa = 0.001\ 29$（GB 50009—2012《建筑结构荷载规范》）、$\kappa = 0.002\ 4$（GB 50009—2012《建筑结构荷载规范》）和 $\kappa = 0.003\ 3$（JTG D60—2015《公路桥涵设计通用规范》）三

图 1-3 不同高度的构筑物模拟风场代表点位置

种表面阻力系数分别进行了脉动风速的模拟，其中 $\kappa = 0.002\ 4$ 为后续风振响应分析的基本工况。

（3）GB 50009—2001 规定结构所在地 B 类场地下 10m 高度处的设计风速为 35.8m/s，由风压高度变化系数换算到 A 类场地下 10m 高度处的设计风速为 $\overline{v}_{10} = 42.1\text{m/s}$。其中风压高度变化系数取值按照 DL/T 5457—2012《变电站建筑结构设计技术规程》中规定来取。

（4）时程总长 t 为 600s，时间步长 $\Delta t = \dfrac{1}{9}s$。

（5）起始频率 $\omega_l = 0\ (\text{rad}\,/\,s)$，截止频率 $\omega_u = 9\pi\ (\text{rad}\,/\,s)$，频率范围等分数 $N = 2700$。

（6）顺风向脉动风速谱选取 Davenport 谱，考虑了脉动风速在竖向和水平方向的空间相关性。

由于模拟的风速点较多，仅列出部分节点的脉动风速时程曲线，具体如图 1-4 所示。

为了验证模拟得到的脉动风速时程的可靠性，将模拟得到部分节点的脉动风速功率谱与目标功率谱（Davenport 谱）进行比较，如图 1-5 所示。

由实测风速，通过荷载规范换算出 10m 高度处 10min 最大平均风速为 9.5m/s，由荷载规范风速与风压关系，可得现场试验期间该变电站 10m 高度处基本风压为 0.06kN/m²。该项目地处戈壁滩，周围空旷无其他建筑，故地面粗糙度系数取 A 类，$\alpha = 0.12$，用谐波合成法模拟出符合构筑物特性和风荷载随机性、高斯平稳性的脉动风荷载。基于 FFT 技术，对该构筑物的脉动场进行模拟。

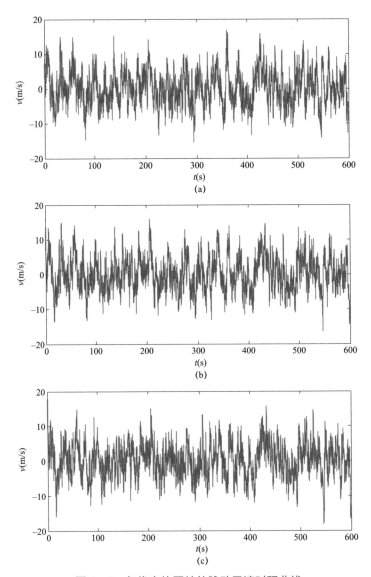

图 1-4　各代表位置处的脉动风速时程曲线

（a）11 号节点脉动风速时程曲线；（b）13 号节点脉动风速时程曲线；（c）15 号节点脉动风速时程曲线

　　模拟中的相关参数设置如下：样本点总数 N 取 2000，时间间隔 d_t 为 0.125s，起始频率为 0rad/s，终止频率为 8πrad/s，梯度风高度 H 为 300m，风速采用荷载规范推荐的 Davenport 谱，对构筑物结构现场实测时 5 个测点的脉动风场进行模拟，由于构筑物结构属于高耸结构，横向尺寸相对于竖向尺寸较小，故只考虑竖向相关性。按照以上方法得到的各个测点处的风速时程曲线如图 1-5～图 1-9 所示。

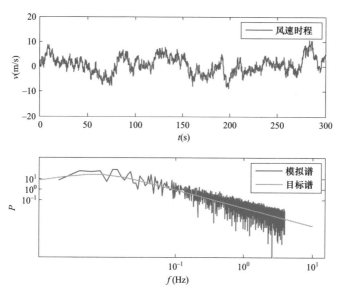

图 1-5　构筑物 10m 高度处模拟风速时程曲线及模拟谱与目标谱对比分析图

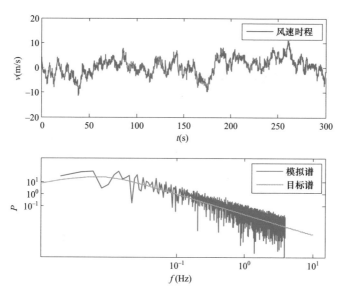

图 1-6　构筑物 20m 高度处模拟风速时程曲线及模拟谱与目标谱对比分析图

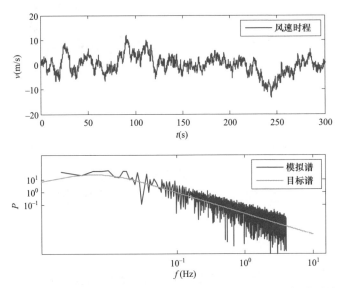

图 1-7　构筑物 30m 高度处模拟风速时程曲线及模拟谱与目标谱对比分析图

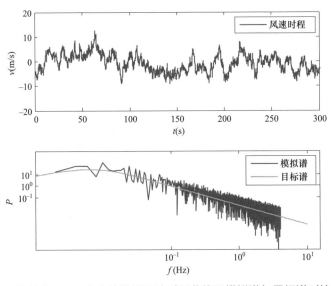

图 1-8　构筑物 40m 高度处模拟风速时程曲线及模拟谱与目标谱对比分析图

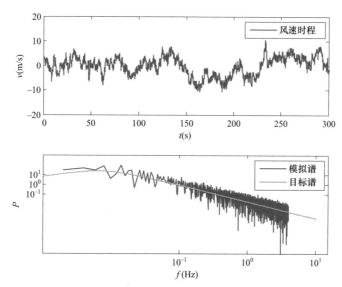

图1-9 构筑物50m高度处模拟风速时程曲线及模拟谱与目标谱对比分析图

由图1-5~图1-9可知，根据规范给定的风区重现期为50年的风速资料模拟出的风速谱与Davenport谱吻合较好，具有相当的精度，证明模拟得到真实风场。该模拟方法可以用于分析构筑物测点处的风载时程以及构筑物的风振响应。

二、基于实测风速资料的随机脉动风荷载模拟

由于风速与风荷载直接相关，只要得到风速时程曲线，由荷载规范查阅计算出相应测点的风振系数、风荷载体型系数和风压高度变化系数，由相应公式就能得出不同测点的风载时程曲线。考虑到在高层建筑的风振计算中常将结构离散化为具有集中质量的多自由度体系，故脉动风也离散化为作用于每一个质量集聚点的离散化脉动风荷载，其值可近似用该质量集中点处的脉动风压乘以相应作用点的作用面积来求取。采用不同高度5个测点的位置作为构筑物质量集聚点，则5个测点处相应的风载时程曲线分别如图1-10~图1-14所示。

三、基于荷载规范的随机脉动风速模拟

根据荷载规范规定给定的该地区50年一遇风速数据，10m高度处基本风压取0.8kN/m²，由荷载规范风速与风压关系，可得该城750kV变电站10m高度处50年一遇基本风速为35.8m/s。各个测点处的风速时程曲线，其中构筑物50m高度处模拟风速时程曲线及模拟谱与目标谱对比分析如图1-15所示。

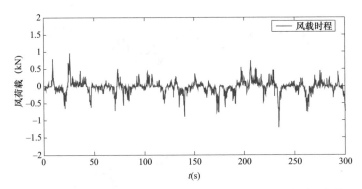

图 1-10 构筑物 10m 高度处节点脉动风荷载标准值时程曲线

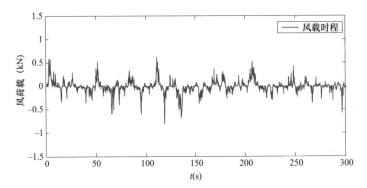

图 1-11 构筑物 20m 高度处节点脉动风荷载标准值时程曲线

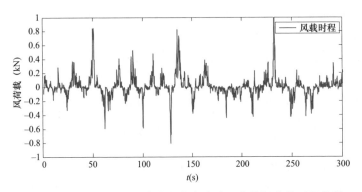

图 1-12 构筑物 30m 高度处节点脉动风荷载标准值时程曲线

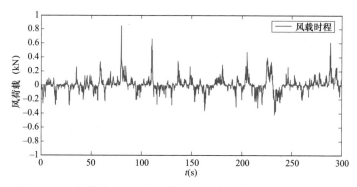

图 1-13　构筑物 40m 高度处节点脉动风荷载标准值时程曲线

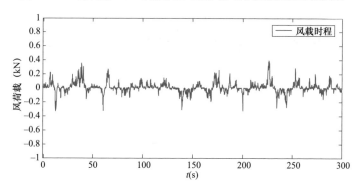

图 1-14　构筑物 50m 高度处节点脉动风荷载标准值时程曲线

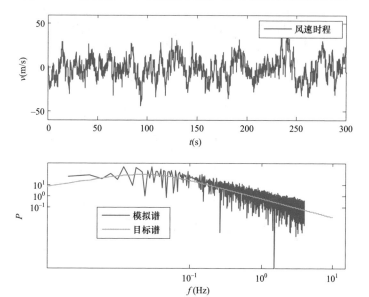

图 1-15　构筑物 50m 高度处模拟风速时程曲线及模拟谱与目标谱对比分析图

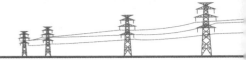

由图 1-15 可知，根据规范给定的区域重现期 50 年的风速资料模拟出的构筑物 50m 高度处风速谱与 Davenport 谱吻合较好，精度较高，说明模拟得到真实风场有效。该模拟方法可以用于分析构筑物测点处的风载时程以及构筑物的风振响应。

四、基于荷载规范的随机脉动风荷载模拟

基于荷载规范的随机脉动风荷载模拟，同样采用 5 个测点的位置作为构筑物质量集聚点，则 5 个测点处相应的风载时程曲线分别如图 1-16～图 1-20 所示。

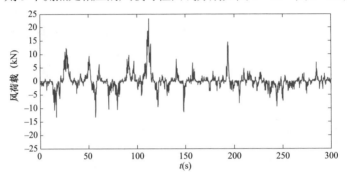

图 1-16　构筑物 10m 高度处节点脉动风荷载标准值时程曲线

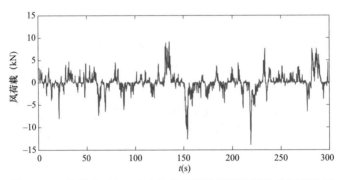

图 1-17　构筑物 20m 高度处节点脉动风荷载标准值时程曲线

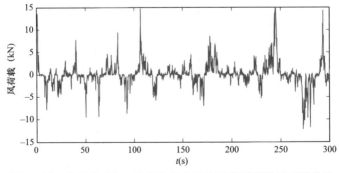

图 1-18　构筑物 30m 高度处节点脉动风荷载标准值时程曲线

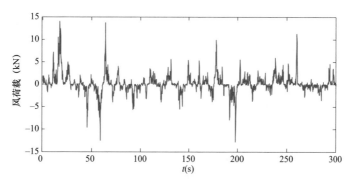

图 1-19 构筑物 40m 高度处节点脉动风荷载标准值时程曲线

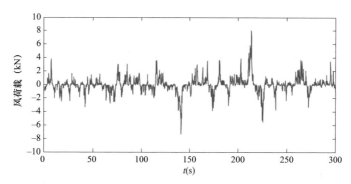

图 1-20 构筑物 50m 高度处节点脉动风荷载标准值时程曲线

对比基于实测风速资料的随机脉动风荷载模拟与荷载规范的随机脉动风载模拟，由各节点脉动风荷载标准值时程曲线可知，风荷载相比试验期间现场实测风速所得的风载时程会大很多，主要是因为规范所给定的地区 50 年风速重现期远远大于现场试验实测天数。按照给定的基本风压，根据风速与风压换算关系，可得到 10m 高度处 10min 最大平均风速为 35.8m/s，可以作为构筑物设计风速的依据之一。

第五节 场址长期风速资料分析

随着大数据分析在不同行业中的应用，使用大数据对气象进行分析也在电力行业上得到广泛应用。本节选取某风区 10 年的气象数据，开展对输变电工程长期风速资料的分析。

自然环境中每一个风速出现的概率都是有差异的，对于暴露在自然环境的构筑物而言，其疲劳寿命的预测需计算出各种风速所造成的损伤及其发生的概率。

通常情况下，认为每个方向的平均风速均满足威布尔分布，其概率密度的表达形式如式（1–29）所示

$$p(v) = \frac{K}{A}\left(\frac{v}{A}\right)^{K-1} \exp\left[-\left(\frac{v}{A}\right)^K\right] \qquad (1-29)$$

分布函数为

$$F(v) = \int_0^v \frac{K}{A}\left(\frac{v}{A}\right)^{K-1} \exp\left[-\left(\frac{v}{A}\right)^K\right] \qquad (1-30)$$

式中　A 和 K——威布尔分布的相关参数，A 为尺度参数，K 为形状参数；

　　　v——某一高度的平均风速。

分布参数 A 和 K 与风速平均值和标准差的关系为

$$K = \left(\frac{\sigma}{\bar{v}}\right)^{-1.086} \qquad (1-31)$$

$$\bar{v} = E(v) = A\,\Gamma\left(1+\frac{1}{K}\right) \qquad (1-32)$$

式中　Γ——伽马函数；

　　　$\bar{v}$——平均风速，m/s；

　　　σ——风速标准差，m/s。

通过查询文献，70m 高度威布尔分布尺度参数 A 为 11.966m/s，形状参数 K 为 2.286，则 70m 高度处风速概率如图 1–21 所示。

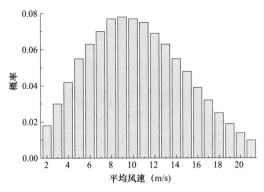

图 1–21　查询文献所得 70m 高度处风速概率图

已知该输变电工程所在场地为 A 类地形，地面粗糙度 α 的取值为 0.12。根据平均风剖面，将 70m 高度风速转换为 10m 高度风速，此时 10m 高度处风速

概率为图 1-22 所示。

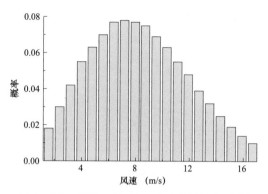

图 1-22 查询文献 10m 高度处风速概率图

从图 1-22 可知，10m 高度处风速主要集中在 5～11m/s，最大风速为 16.6m/s，查询建筑结构荷载规范可知，当地 10m 高度处 A 类场地的设计风速为 42m/s，远大于图 1-22 所示的最大风速。

以该输变电工程所在场地附近气象站测得的 2012～2017 年 10m 高度风速资料为基础，求出 10m 高度处威布尔分布尺度参数 A 为 4.11m/s，形状参数 K 为 1.513。此时风速概率分布如图 1-23 所示。

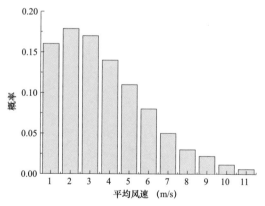

图 1-23 现场实测所得 10m 高度风速概率图

图 1-23 中可以看出最大为风速 11m/s，该最大风速亦远小于规范规定的当地设计风速。由于这两个风速的数据不是来自同一个气象站，因此这两个风速概率分布存在一定差距。为了考虑最不利风荷载下的情况，在疲劳寿命计算时，使用图 1-23 所示的风速概率分布情况。

由于风对结构的作用可以来自任意方向，并且在每个方向上出现的概率也不相同；在每个风向上，平均风速是一个随机变量，其出现的概率亦不相同。因此，需对标准高度处不同风力及风向出现的概率情况进行统计，得出其风向风速如图1-24所示。

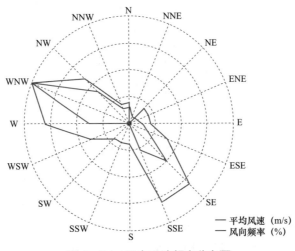

图1-24　风向风速频率分布图

从图1-24中可以看出风向多集中在东偏南和西偏北的方向，同时，平均风速在这两个方向也偏大。因此，在布置输变电设备设计时，考虑到风向、风速因素，可以合理进行布局。

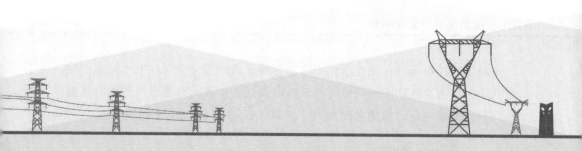

第二章 导线风偏跳闸

第一节 概　述

一、导线风偏特点

导线在风的作用下发生偏摆后导致电气间隙距离不足从而引起的放电跳闸，称为风偏跳闸。风偏跳闸是输电线路最常见的风害类型之一，在变电站也有由于电气间隙偏小导致的导线在风力作用下偏摆对周围物体放电的故障。

1996～2003 年，据不完全统计，全国 110kV 及以上输电线路风偏跳闸 244 条次，其中表现为导线对杆塔放电的就有 210 次。从统计结果看，易发生风偏的直线塔以猫头型塔和拉线塔居多，这两种塔型都存在塔头间隙小、结构紧凑、允许摇摆角小的特点，如使用不当（垂直档距小），在恶劣气象极易造成风偏故障。易发生风偏的耐张塔主要是"干字型"耐张塔，这种塔的绕跳线长度大，风荷载就大，但施工工艺不易控制，在大风时极易造成摇摆、扭转，对塔身放电。

由于灾害性强风的特点，风力在一段时间内持续时间较长，因此，在风偏跳闸后，电闸重合率往往较低。若同一输电通道内多条线路同时发生风偏跳闸，则会破坏系统稳定性，严重时造成电网大面积停电事故。据统计，全国范围内输电线路风偏跳闸重合成功率约在 22%，低于雷击、覆冰等自然灾害导致线路跳闸的重合成功率。

风偏跳闸与单纯雷击跳闸的一个重要区别就是：雷击跳闸常可以重合成功，而风偏跳闸常重合不成功。这是因为风的连续性使导线与杆塔的间隙在重合闸时仍保持在一个较小距离的范围内，同时第一次放电发生后空气出现游离，间隙中导电离子增多，间隙的绝缘强度降低。另外，重合闸时系统中存在

一定的操作过电压，在过电压作用下，导线在风偏摆动时再次发生间隙击穿，而且第二次击穿在间隙距离较大时就可以发生，一般带有重合闸的线路风偏应该有两个主放电点，距离大的为第二次放电点。

二、风偏跳闸分类

按放电途径来分，风偏跳闸的主要类型有导线对杆塔构件放电、导线与地线间放电和导线对周围物体放电等三种类型。其共同特点是导线或导线金具烧伤痕迹明显，绝缘子不被烧伤或仅导线侧 1～2 片绝缘子轻微烧伤；杆塔放电点多有明显电弧烧痕，放电路径清晰。

2011 年 6 月 9 日，某 1000kV A 相故障跳闸，重合不成功。登塔检查发现 114A 号相导线大号侧 1.7m 处的导线（第二、三子导线）和右曲臂下平面斜铁上有明显放电点，如图 2-1 所示，经分析确认是风偏造成的故障放电，在线路故障点周围发现多处被风刮断的树木、广告牌。发生该类故障的原因是：由于极端天气（龙卷风、飑线风，瞬时风速达 33m/s）远超过设计的百年一遇最大设计风速（27m/s），且目前根据国内外输电线路设计经验，由于龙卷风、飑线风的不确定性和随机性，在设计中对此类极端天气，均不考虑其影响。改造措施：对已发生过风偏的线路区段进行防风偏改造，采用直线塔悬挂重锤片，或采用双串＋重锤形式。

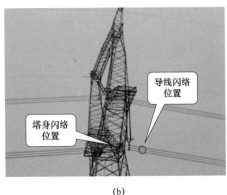

(a)   (b)

图 2-1 某 1000kV 输电线路导线对杆塔构件放电
(a) 塔材放电点；(b) 导线放电位置

2014 年 4 月 23 日，750kV 输电线路发生风偏闪络故障。发生此类故障的原因为规划设计时没有充分收集线路走廊气象数据，对微气象考虑不全面。强风天气造成 750kV 吐某一线线路跳闸，如图 2-2 所示，发生故障的原因为现场实际风速超过设计风速。

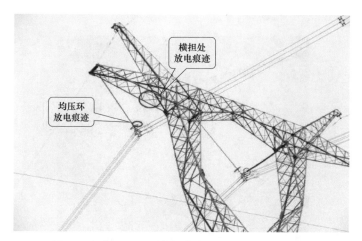

图 2-2 某 750kV 输电线路导线对横担风偏放电

2014 年 7 月 29 日，某 500kV 线故障，选相 A 相，重合不成功，巡视发现该线 39 号塔右相（A 相）大号侧导线因风偏对塔身放电导致故障，如图 2-3 所示。故障时刻瞬时风速达 27.7m/s，超过其设计风速 27m/s。分析认为由于当时大风吹动导线摆动后，与塔身距离不足导致放电，造成此次故障。

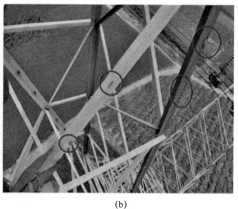

(a)   (b)

图 2-3 某 500kV 线故障现场情况

(a) 导线上闪络点对应位置；(b) 对应曲臂的放电痕迹

导线沿风向会出现一定的位移和偏转。另外，在间隙减小、空间场强增大时，在导线金具的尖端和杆塔构件的尖端上会出现局部高场强，使放电更容易在这些位置发生，从历次故障线路现场观测到的放电痕迹来看，大多放电点出现在防振锤和角铁边缘尖端上正说明了这一点。图 2-4 为某 220kV 输电线路导线防振锤对拉线风偏放电。

拉线抱箍

拉线

防振锤

图 2-4 某 220kV 导线防振锤对拉线风偏放电

第二节 风偏跳闸机理

一、国内外风偏角模型对比

对比中国、美国及日本相关输电线路风偏角设计资料，可以发现在风偏角计算模型及方法上三国基本是一致的，即都是按照静力模型来计算。该模型认为：在风的作用下，当垂直作用于导线和绝缘子串的风压力（风荷载）与导线及绝缘子串的重力达到静力平衡时，此时线路具有最大风偏角。为了简化计算，该模型中将导线和绝缘子串假设为刚体，并且认为其各个连接点均是自由铰接的，不考虑其间的任何阻尼作用。DL/T 5092—1999《110～500kV 架空送电线路设计技术规程》中给出了导线风载荷的计算方法，但并没有给出线路风偏角计算的方法。多年来，国内设计部门多是按照《电力工程高压送电线路设计手册》（简称《设计手册》）来计算线路风偏角。对于基准风压（风载荷）w_0，设计规范中是取 $w_0 = v^2 / 1600$（kN/m²）；而《设计手册》中是取 $w_0 = \frac{1}{2}\rho v^2$（Pa）（以上式中，$v$ 为风速，单位为 m/s；ρ 为空气密度，单位为 kg/m³）。计算结果表明，对应于相同的风速 v，设计规范和设计手册得到的基准风压结果基本是一致的。

对搜集到的风偏角设计资料做进一步分析，结果表明：虽然在风偏角计算

模型及计算公式上是一致的，但国内外设计部门在输电线路风偏角设计中某些相关参数的选取和计算上存在着不同。国内外线路设计者认为，决定风偏角设计是否合理的关键因素是最大风速、风压不均匀系数、风速高度换算系数的选取以及正确地对线路所经地区地形、地貌等对风速影响大小的评估。

在最大风速的选取上，国内外均是根据当地气象台、站搜集到的不同高度、不同时距、不同观测次数的历年最大风速资料统一换算为距地面高 10m 的连续自记 10min 平均值后，按照一定的保证率（如 30 年一遇）并考虑不同高度风速换算后以某种概率分布计算得到的。但在具体设计上，国内外各设计部门不尽一致。以 500kV 输电线路风偏角设计为例，技术规程中要求以距地面 20m 高处 30 年一遇 10min 平均风速作为最大设计风速；美国是以距地面 10m 高处 50 年一遇 1min 平均风速作为设计基准风速；日本在旧标准中以距地面 10m 高处 50 年一遇 10min 平均风速作为设计基准风速，把瞬时风的影响放在风偏角设计安全裕度中来进行考虑；日本在新修订的标准中则以距地面 10m 高处 50 年一遇瞬间最大风速（3～5s 平均风速）作为设计基准风速。由此可见，国内外在最大设计风速的标准上有较大的区别，需要根据运行实践统计结果决定我国不同地区采用何种标准确定设计最大风速。

在风压不均匀系数的选取上，根据德国某试验站的观测数据和我国东北某试验场 2 年的试验观测数据，在风速大于 20m/s 时，现设计规范将原水电部 1984 年颁发的《500kV 电网过电压保护绝缘配合与电气设备接地暂行技术标准》中该系数从 0.75 修改为 0.61。20 世纪 90 年代中期，我国投运的 500kV 输电线路通常是按照 0.61 来设计风偏角的，从实际运行效果来看，此后 500kV 线路直线塔风偏闪络事故逐年增多。通过对风偏闪络实例进行核算，结果表明：在最大设计风速下按照风压不均匀系数取值为 0.61 计算的风偏角偏小，此时带电部分与杆塔构件的最小间隙满足设计规范要求的间隙距离；但同样条件下，当取风压不均匀系数为 0.75 时，计算得出的风偏角增大，此时带电部分与杆塔构件的最小间隙不能满足设计规范要求的间隙距离。苏联、德国、美国等资料认为对档距小于 200m 左右的输电线路，风压不均匀系数不应小于 1.0；此外，仅依据德国观测数据与我国东北的 2 年试验观测数据来确定风压不均匀系数似乎依据不足。这是因为由于地形和气候条件的不同，德国的风速分布规律与我国的可能不一致；其次，我国地域辽阔，东北某局部区域的风速分布规律不一定具有代表性；最后，用 2 年的试验观测数据来确定 30 年一遇的风速分布规律，从统计学角度看不够充分。

由于输电线路所经地区气象部门对风速的监测高度与导线架设高度并不

一致，因此，在风偏角设计时还需考虑风速高度换算。《设计手册》中给出了 2 种高空风速换算方法，一种是对于某一高度范围给定一个高度系数，再将该高度系数乘以距地面 15m 高处的基本风速即得对应高度范围的风速；另一种是认为某一高度风速是高空风速增大系数（k_h）与距地面 l0m 高处基准风速的乘积，而高空风速增大系数随着高度（h）的变化呈指数规律变化，即 $k_h = (h/10)^a$。目前，美国和日本均是采用《设计手册》中给出的两种方法进行高空风速换算，但其对 a 的取值考虑了地形因素的影响。随着地形崎岖程度的增加，美国和日本给出的 a 值从 0.1 增加至 0.28；而《设计手册》中只是认为对于海面 a 可取为 0.107，空旷地区 a 取 0.145（对于相应空旷地面，美国和日本取值为 0.16）。至于《设计手册》中给出的第一种高空风速换算方法，其计算出的风速更为偏小。由此可见，对于风速随高度变化的规律尚需进一步观测和分析，对不同地形特征下高空风速增高系数的取值进行合理划分。

相关资料表明，在建筑物稠密的城镇或森林地区，其地形、地物对气流的流动有阻碍作用而使风速减小；而在峡谷口、隘口、山脊、河道等处，则会由于气流的翻越、缩口效应使得风速增加。对此，《设计手册》指出：当线路通过城市或森林等地区，若两侧屏蔽物平均高度大于杆塔高度的 2/3，其最大设计风速宜较一般地区减小 20%；线路通过山区或丘陵地带，一般应以附近平地气象台的资料为准，但对这些地区中的某些跨越峡谷、河道或位于暴露的山脊、顶峰、沿迎风坡及垂直于开口的山口、山沟交汇口处等的线路区段，其风速值应较平地适当增加，如无可靠资料时，一般可按附近平地风速增加 10%。对比国外资料，美国认为在某些微地形区风速增加可达到 1 倍，这远远超过《设计手册》中指出的"可按附近平地风速增加 10%"；日本则是按照地域特征将其全国划分为六个类型来分别考虑的。由此，就必须对各类微地形气象资料进行充分的收集，并进行详细的数据处理及分析，以合理确定各个微地形条件下线路风偏角最大设计风速。

为了区分风的大小，以便了解风可能引起的危害和影响程度，常将风划分为 13 个等级。风压的大小和风的速度有着直接的关系。根据大量风的实测资料可以发现，在顺风向时程曲线中包含两个周期分量，一个是长周期分量，周期约 10min；另一个是短周期分量，周期约几秒钟，特别是在风力最强的时段，风速是围绕其平均值平稳变化的。因此，实用上常把风分为平均风和脉动风来加以分析。平均风，亦称稳定风，是在给定的时间间隔内，把风对结构的作用力的速度、方向以及其他物理量都看成不随时间而改变的量，考虑到风的长周期大大地大于一般结构的自振周期，因而其作用性质相当于静力。脉动风，常

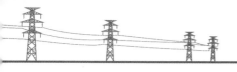

称阵风脉动，是由于风的不规则性引起的，具有随机性，它的强度是随时间随机变化的。它对结构的作用是一种随机荷载，因而脉动风对结构的影响与脉动风的统计特性有关，例如脉动风的概率分布、时间、空间相关性、功率谱密度等。由于它周期较短，因而其作用性质是动力的。

综上所述，目前国内外在输电线路风偏角设计模型及计算方法上是一致的，但在相关设计参数的选取上则存在着较大区别。总的来看，相对国外而言，按照国内技术规程及《设计手册》给出的参数计算得到的风偏角偏小，其安全裕度较小。但是，国外资料及数据并不一定完全适合我国国情，因此，有必要研究最大设计风速、风压不均匀系数、风速高度换算系数对风偏角影响程度的大小，并在此基础上研究各气象条件下导线—杆塔空气间隙工频闪络特性，立足于我国国情选取合适的风偏角设计参数，以降低风偏闪络故障事故率，提高输电线路的安全运行水平和输电线路建设的经济效益。

二、输电线路风偏角理论分析方法

（一）导线风偏的影响因素分析

1. 风向和风速

风速（v，m/s）是输电线路风偏的必要条件，不同的风向和风速有不一样的影响。在输电线路的设计过程中，最大设计风速决定了整条线路上各杆塔风偏的最小间隙 D。在线路运行过程中，受风荷载和其他因素的影响，线路最小空气间隙 d 接近或小于最小间隙时，线路容易发生风偏闪络事故。

2. 大气基本参数

大气条件将影响外绝缘放电，基本大气参数有温度、湿度、气压、空气密度、相对空气密度等。

气压是影响电气设备外绝缘放电特性的重要参数之一。由汤姆逊理论和流注理论可知，在气压正常或较高的情况下，电气设备外绝缘的放电电压将随着气压的降低而降低。因此，在高海拔地区由于空气稀薄，气压也相应降低，进而使运行在该地区的电气设备的外绝缘放电电压降低。

湿度也是影响电气设备外绝缘放电特性的因素，由于水汽的加入，改变了空气电离程度，进而影响气体放电过程。一般情况下，电气设备外绝缘的放电电压随着湿度的增加而增大，而随着海拔的升高，空气湿度降低，电气设备外绝缘的放电电压也就降低。

温度是影响电气设备外绝缘放电特性的又一因素。温度升高，空气分子平均动能增加，分子活动能力增大，使气体放电电压降低。在通常大气压力下，

电气设备外绝缘的放电电压是随着温度的升高而降低。但有关文献指出，海拔每升高 1000m 温度下降 6.5℃，只从温度的影响来考虑，随着海拔的升高，电气设备外绝缘的放电电压将升高。但在综合考虑各个影响因素后，可知电气设备外绝缘的放电电压是随海拔升高而降低的。

在实际情况下，各个因素并非独立作用，而是相互作用，共同表征对放电电压的影响。

3. 淋雨

淋雨条件下，空气间隙中雨滴的存在会对电场产生畸变：雨滴内部场强较低，雨滴外部场强较高，这种畸变使得电极附近的电场强度也会有所变化，导致电极附近的局部电场得到加强。局部电场的增强会使空间中因碰撞电离产生的电子数目相应增多，从而有利于流注的形成；此外，局部电场的增强还会加快电子和正负离子的运动速度，进而有助于流注的发展。

其次，在淋雨强度较大时（此时间隙中雨滴数目较多，大雨滴所占的比重也较大），雨滴表面由于吸附作用将积聚起更多的带电粒子，其表面附近的电场畸变更加严重，更有利于放电的发展。

4. 风压不均匀系数

由于脉动风的存在，风并不是每时每刻都以同样的程度作用在输电线路上，同一时刻每一点的风速更是不均匀的。因此，在输电线路设计的风压计算中引入了风压不均匀系数 α，以表征风场的上述特征。根据相关设计规范规定，风压不均匀系数 α 依风速和档距不同而取值不同。

5. 导地线风荷载调整系数

风中除了平均风外，还有脉动风，它将引起结构振动，其数值决定于结构的动力特性。风荷载调整系数（风振系数）的大小与结构本身（杆塔的类型、高度、坡度）和自然条件（风速、档距、地面粗糙度）有关，其值的大小不仅影响铁塔的安全和可靠度，也影响到塔材指标。

6. 风压高度变化系数

空气在地球表面流动时，由于与地面摩擦而产生摩擦力，这种摩擦力使靠近地面气流的方向和速度产生变化，随着高度的增加，摩擦对气流的影响逐渐减小。因此，风速随高度增加而增加，在低气层中增加很快；而当高度很高时则增长逐渐减慢。理论上，风速沿高度的增大与地面的摩擦力（粗糙程度）、地表基本风速、高度等主要因素有关。

7. 导线风荷载体型系数

物体受到的风压与物体的体形和气流方位有关，这种影响常以风荷载体型

系数的大小来表示。

（二）风偏角的计算方法

1. 载荷的计算

（1）导线载荷。以恒定风速垂直吹到平面上，在单位面积上受到的压力称为理论风压。根据全国 300 多个地点的气象站统计的从 1954～1981 年的最大风速资料，按照我国基本风压的标准要求，将不同风仪高度和 4 次定时 2min 平均的年最大风速，统一换算为离地 10m 高、连续自记 10min 平均的年最大风速。以该风速数据，经统计得出重现期为 30 年、距地 10m 的最大风速 v:

为了计算输电线路在风的风偏角，需要计算导线、地线和绝缘子的风荷载。导线及地线的水平风荷载标准值和基准风压值，应当按下式计算

$$W_x = \alpha W_0 \mu_z \mu_{sc} \beta_c d L_P B \sin 2\theta \qquad (2-1)$$

其中
$$W_0 = V^2 / 1600$$

式中　W_x ——垂直于导线及地线方向的水平风荷载标准值，kN；

　　　α ——风压不均匀系数，应当根据设计基本风速，按表 2-1 规定确定，当校验杆塔电气间隙时，α 随水平档距变化取值按表 2-2 的规定确定；

　　　β_c ——750kV 线路导线及地线风荷载调整系统，仅用于计算作用于杆塔上的导线及地线风荷载，按表 2-1 取值；

　　　μ_z ——风压高度变化系数，基准高度为 10m 的风压高度变化系数按表 2-3 的规定确定；

　　　μ_{sc} ——导线或地线的体型系数，线径小于 17mm 或覆冰时（不论线径大小）应取 $\mu_{sc} = 1.2$，线径大于或等于 17mm 时取 1.1；

　　　d ——导线或地线的外径或覆冰时的计算外径，分裂导线取所有子导线外径总和，m；

　　　L_P ——杆塔的水平档距，m；

　　　B ——覆冰时风荷载增大系数，5mm 冰区取 1.1，10mm 冰区取 1.2；

　　　θ ——风向与导线或地线方向之间的夹角，°；

　　　V ——基准高度为 10m 的风速，m/s。

表 2-1　　　　　　风压不均匀系数 α 和导地线风荷载调整系数 β_c

	风速 V（m/s）	<20	20≤V<27	27≤V<31.5	≥31.5
α	计算杆塔荷载	1.00	0.85	0.75	0.7
	风偏计算用	1.00	0.75	0.61	0.61
β_c	计算 750kV 杆塔荷载	1.00	1.10	1.20	1.30

表2-2 风压不均匀系数α随水平档距变化取值

水平档距（m）	≤200	250	300	350	400	450	500	≥550
α	0.8	0.74	0.7	0.67	0.65	0.63	0.62	0.61

表2-3 风压高度变化系数μ_z

离地面或海平面高度（m）	地面粗糙度类别			
	A	B	C	D
5	1.17	1.00	0.74	0.62
10	1.38	1.00	0.74	0.62
15	1.52	1.14	0.74	0.62
20	1.63	1.25	0.84	0.62
30	1.80	1.42	1.00	0.62
40	1.92	1.56	1.13	0.73
50	2.03	1.67	1.25	0.84
60	2.12	1.77	1.35	0.93
70	2.20	1.86	1.45	1.02
80	2.27	1.95	1.54	1.11
90	2.34	2.02	1.62	1.19
100	2.40	2.09	1.70	1.27
150	2.64	2.38	2.03	1.27
200	2.83	2.61	2.30	1.92

注 地面粗糙度类别：A类指近海面和海岛、海岸、湖岸及沙漠地区；B类指田野、乡村、丛林、丘陵以及房屋比较稀疏的乡镇和城市郊区；C类指有密集建筑群的城市市区；D类指有密集建筑且房屋较高的城市市区。

气象站的数理统计结果，是按照当地气象站10min时距平均的年最大风速为样本，统计至离地10m高的统计风速。

（2）绝缘子串风荷载计算。根据我国现行电力行业标准，计算风偏摇摆角时，作用在绝缘子串上的风压按下式计算

$$P_I = 9.81A_I \frac{v^2}{16} \qquad (2-2)$$

式中 v——设计采用的平均风速，m/s；

A_I——绝缘子串的受风面积，m²。单盘盘径为254mm的绝缘子，每片受风面积取0.02m²，大盘径及双盘径取0.03m²。金具零件受风面积，对单导线每串取0.03m²，对两分裂导线每串取0.04m²，对3～4分

裂导线每串取 0.05m²。双联绝缘子串的受风面积，可取为单联的
1.5～2 倍。

（3）线路平均高度。在架空送电线路设计中，需要确定其基本最大设计风速，设计最大基本风速的大小是关系到线路投资和运行是否安全的主要参数。而最大设计风速是通过线路平均高度和最大设计风速重现期换算得到的。因此，有必要对线路平均高度做简单介绍。

在线路设计中所指的"电线平均高度"是指电线各点与电线弧垂最低点间的高度差沿档距的积分面积被档距除的商，即全档电线高出最低点的平均高度。当线路的重力平衡状态构形用悬链线方程来表示时，在工程应用中线路的平均高度可表示为

$$h_{av} \approx \frac{1}{3} f_m + \frac{\sigma_0}{2\gamma} \left(\frac{h}{l} \right)^2 \qquad (2-3)$$

$$f_m = \frac{\gamma l^2}{8\sigma_0 \cos \beta} \qquad (2-4)$$

式中　f_m——档距中央的最大弧垂，m；

　　　γ——导线的比重，N（m·mm²）；

　　　σ_0——平衡状态下导线弧垂最低点的应力，MPa；

　　　h——线路悬挂点的高差；

　　　β——高差角。可以证明不论导线悬挂点等高与否，线路的平均高度均位于档距中央以上 $\frac{f_m}{3}$ 处。在计算线路对地平均高度时，当地面为水平平面时，线路对地平均高度为电线最低点对地高度与 h_{av} 之和。若地面断面呈不规则曲线状，可作图量出电线数点对地高度，取其平均值。

2. 跳线的风偏计算

在 750kV 线路工程中，单回路耐张转角塔均使用了干字型耐张转角塔，如图 2-5 所示。跳线对整个线路工程来说所占比重很小。跳线从其形式上可分为直跳和绕跳两种，而从其材质上又可分为软跳和硬跳两种。

由于跳线长度相对较短，跳线刚度对跳线几何形状与风偏摆动有一定影响，但为计算方便，在工程应用允许的误差范围内，软跳线仍按柔索计算。

（1）无跳线串情况。架空送电线路软跳线的计算如式（2-5）、式（2-6）

$$\varphi = \arctan \left(\frac{\gamma_4}{\gamma_1} \right) \qquad (2-5)$$

$$\varphi = \arctan\left(\frac{\gamma_5}{\gamma_3}\right) \qquad (2-6)$$

式中 φ ——跳线风偏角，（°）；

   γ_1 ——导线垂直比载，N/（m·mm²）；

   γ_3 ——覆冰导线垂向比载，N/（m·mm²）；

   γ_4 ——导线水平比载，N/（m·mm²）；

   γ_5 ——覆冰导线水平风比载，N/（m·mm²）。

  对于使用软跳线的线路来说，如果是采用分裂导线所设计的线路应计及间隔棒对风偏角度的影响。此外，对于架空送电线路耐张塔所使用的硬跳线而言，由于每条线路设计情况均有所不同，因此要根据具体情况来分析。目前常用的硬跳线主要有铝管式硬跳线和笼式硬跳线，在计算其风偏时要考虑铝管跳线的铝管及笼式跳线的支撑架等金具对风偏角的影响。

  （2）带跳线串情况。带跳线串风偏角的计算类似悬垂绝缘子串风偏角的计算，如图 2-6 所示。对跳线串以刚体直杆模型来分析，风偏角计算见式（2-7）。

图 2-5 干字型耐张转角塔

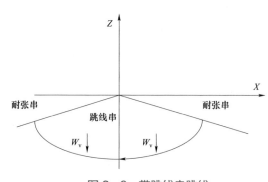

图 2-6 带跳线串跳线

$$\varphi = \arctan\left(\frac{\frac{1}{2}G_h + W_h}{\frac{1}{2}G_v + W_v}\right) \qquad (2-7)$$

式中 G_v ——悬垂绝缘子串垂向荷载，N；

G_h ——横向水平风荷载，N；

W_v、W_h ——末端作用的跳线荷载，N。

（3）悬垂绝缘子串的风偏计算。750kV 线路直线塔绝缘子串悬挂方式上，采用了中相 V 型、边相 I 型串的型式。由于 V 型绝缘子串抗风偏能力较强，因此，这里仅对边相 I 型串的情况进行了计算分析。

在现行设计规范中，假设悬垂绝缘子串为受均布荷载作用的刚性直杆，采用静力学平衡方法近似地计算悬垂绝缘子串的风偏角。如图 2-7 所示，设悬垂绝缘子串重力及作用在绝缘子串上的风压，其末端作用的电线的垂直和水平荷载分别为 W_V 和 W_H，根据刚性直杆的静力平衡条件可以很容易地得到风偏角的计算表达式。

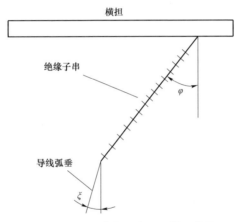

图 2-7 悬垂绝缘子串和导线风偏图

图 2-7 中悬垂绝缘子串的风偏角 φ 按式（2-8）进行计算

$$\varphi = \arctan\left[\left(\frac{m_p}{2A} + L_s \cdot g_4\right)\middle/\left(\frac{m_j}{2A} + L_c \cdot g_1\right)\right] \tag{2-8}$$

式中 L_s、L_c ——水平和垂直档距，m；

g_1、g_4 ——导线自重比载和导线的风荷比载，kg/（m×mm²）；

m_j、m_p ——绝缘子串及防震锤重力和绝缘子串及防震锤的风荷载，kg；

A ——导线截面积，mm²。

式（2-8）中导线自重比载 g_1 计算公式如下

$$g_1 = 9.8 \times \frac{m_0}{S} \times 10^{-3} \qquad (2-9)$$

式中　　m_0 ——每千米导线的质量，kg/km；

　　　　S——导线截面积，mm²。

　　式（2-8）中导线风荷比载 g_4 计算公式如下

$$g_4 = \frac{0.612\,5\alpha C d v^2}{S} \times 10^{-3} \qquad (2-10)$$

式中　　C ——风荷载体系数，当导线直径 $d < 17\text{mm}$ 时 C 取 1.2，导线直径

　　　　　$d \geqslant 17\text{mm}$ 时 C 取 1.1；

　　　　v ——风速，m/s；

　　　　d ——导线直径，mm；

　　　　S ——导线截面积，mm²；

　　　　α ——风速不均匀系数，采用表 2-4 中所列的对应数值。

表 2-4　　　　　　　　风速与风速不均匀系数 α 对照表

风速（m/s）	20 以下	20～30	30～35	35 以上
α	1.0	0.85	0.75	0.7

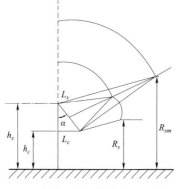

图 2-8　考虑风速后的电气几何模型图

　　导线风偏角 ξ 计算公式如式（2-11）所示

$$\xi = \arctan\left(g_4 / g_1\right) \qquad (2-11)$$

　　在图 2-8 中，h_c、h_s 表示风速 v 下的导线位置情况；L_c、L_s 表示风速 v 下的避雷线位置情况；α 表示考虑风速后的保护角。

　　各变量可由以下公式计算获得

$$h_c = h_c + l - l\cos j + f_c - f_c \cos\xi_c \qquad (2-12)$$

$$L_c = L_c + l\sin j + f_c \sin\xi_c \qquad (2-13)$$

$$h_s = h_s + f_s - f_s \cos\xi_s \qquad (2-14)$$

$$L_s = L_s + f_s \sin\xi_s \qquad (2-15)$$

$$\alpha = \arctan[(L_c - L_s)/(h_s - h_c)] \qquad (2-16)$$

式中　　f_c、f_s ——导线、避雷线的弧垂；

　　　　ξ_c、ξ_s ——导线、避雷线的风偏角。

第三节　风偏跳闸典型案例分析

一、750kV吐某线风偏跳闸及治理措施

（一）事故概况

2014年4月22日夜间到24日，受强冷空气影响，北疆各地、天山山区、哈密等地出现以大风、降温为主的寒潮天气过程，北疆、东疆气温下降8～10℃，塔城、阿勒泰、昌吉州东部、哈密等地降温达10～15℃，南疆大部也伴有沙尘暴和大风天气。北疆、东疆大部有重霜冻和有6级左右西北风，风口风力10～11级，三十里、百里风区的瞬间最大风力达12级以上。截至24日18时，共造成某电力公司所属35kV及以上输电线路跳闸51条70次（故障停运35条），其中750kV线路3条7次，220kV线路15条26次，110kV线路16条20次，35kV线路17条17次，表2-5为某750kV输电线路风偏跳闸的数据统计。

其中4月23日09时01分，750kV吐某一、二线跳闸，11时18分，750kV吐某一线再次跳闸，故障原因为吐某一线326号B相（左边相）风偏后导线侧均压环对横担放电跳闸，如图2-9所示，现场风偏状态如图2-10所示，放电路径如图2-11所示。

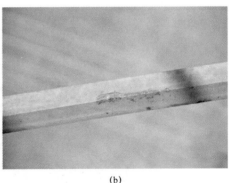

(a)　　　　　　　　　　　(b)

图2-9　750kV吐某一线导线侧均压环对横担放电跳闸

(a) 均压环放电点；(b) 横担放电点

图2-10　故障杆塔大风时段风偏现场

表2-5　　　　　　　　750kV吐某线故障基本情况

线路名称	跳闸发生时间（年/月/日/时/分/秒）	故障相别（或极性）	重合闸/再启动保护装置情况	强送电情况		故障时负荷（MW）
				强送时间	强送是否成功	
吐某一线	2014年4月23日09时01分01秒	左边相（B相）	重合闸不成功	23日10时22分	是	646.118
	2014年4月23日10时53分37秒		重合闸成功	23日11时17分	是	
	2014年4月23日11时18分57秒		重合闸不成功	25日04时32分	是	
吐某二线	2014年4月23日09时55分27秒	左边相（B相）	重合闸不成功	23日10时47分	是	373.24
	2014年4月23日11时44分03秒		重合闸成功	—	—	
	2014年4月23日11时44分14秒		重合闸不成功	25日05时16分	是	

图2-11　吐某一线326号B相（左边相）放电路径

（二）大风时空分布

线路故障区域为温带大陆类型气候区域，2～10 月大风天气较多，常年平均风速为 9m/s，最大风速超过 45m/s，年平均大风日数超过 100d，平均湿度为60%。故障时刻现场 10m 高度 10min 平均最大风速 35m/s，风向为北风，风向与导线成一定夹角，范围在 75°～90°。根据线路故障点气象监测装置及铁路沿线气象站数据，如图 2-12、图 2-13 所示。

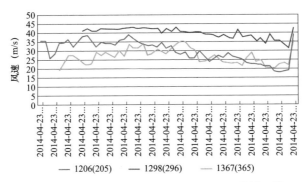

图 2-12　气象在线监测装置测得极大风速过程线

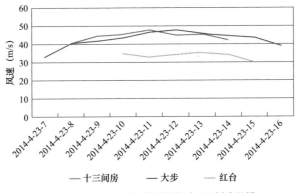

图 2-13　铁路沿线测得极大风速过程线

由以上图可以看出，本次大风过程中，铁路测风站的风速是以十三间房为最大，向西逐渐衰减，符合具有较长风速观测资料的空间分布规律。而线路在线监测数据显示，最大风速在 296 号塔附近，向东西两侧减小，与一般规律不相符。

将线路在线监测的极大风速折算到与铁路测风站同一高度下的风速，即10m 高 10min 平均最大风速，阵风系数取 1.4，高度折算按建筑结构荷载规范规定。从图 2-12、图 2-13 可以看出，风速由西向东逐渐增大，符合本地大

风分布变化规律。1206（205）站点测得最大风速为 23m/s，设计值 31m/s；1298（296）测得最大风速 25.5m/s，设计值 28m/s；1367（365）测得最大值 30.9m/s，设计值 36m/s。

走访当地群众，故障发生时故障区域无雷电活动，接地装置良好，在吐某一、二线 326 号塔附近雷电定位系统没有落雷记录，且闪络点位于导线端均压环及相对应塔身位置，排除了雷击跳闸的可能。

线路故障时间为 4 月份，当日气温基本在 0～10℃，无覆冰的可能性，排除了冰闪及舞动的可能。根据线路故障区段周围环境及现场情况，结合超高压线路运维经验，可初步判定局地强对流天气造成导线及绝缘子串向塔身侧倾斜（风偏），造成导线与塔身最小空气间隙不能满足运行要求而引起的空气击穿，从而造成线路跳闸。

综上所述，本次故障为大风天气直线塔边相（B 相）绝缘子对塔身放电造成线路跳闸。

（三）故障杆塔导线风偏角及电气间隙校核

根据 GB 50545《110kV～750kV 架空输电线路设计规范》，在海拔不超过 1000m 的地区，在相应风偏条件下，750kV 线路带电部分与杆塔构件（包括拉线、脚钉等）的最小间隙，应符合表 2-6。

表 2-6　　　　　750kV 带电部分与杆塔构件（包括拉线、脚钉等）的最小间隙　　　　　　单位：m

标称电压（kV）		750	
海拔高度（m）		500	1000
工频电压	I 串	1.80	1.90
操作过电压	边相 I 串	3.80	4.00
	中相 V 串	4.60	4.80
雷电过电压	—	4.20（或按绝缘子串放电电压的 0.80 配合）	

通过表 2-6 中的内容，可以得到绝缘子串在某一风速下的风偏角和最小间隙距离。将最小间隙距离和表 2-6 中的数值进行对比，若最小间隙距离小于表 2-6 中所对应的数值，则认为发生了风偏闪络。

故障杆塔型号为 ZB131P，呼高 40m，导线的型号为 LGJK-310/50，边相串型为 I 串，绝缘子串型号为 FXBW-750/210，左右两边水平档距分别为 300m、540m，与左右两边杆塔的高度差分别为 5m、27m。利用规程公式计算出的结果，绘制风速与最小空气间隙的关系曲线，如图 2-14 所示。

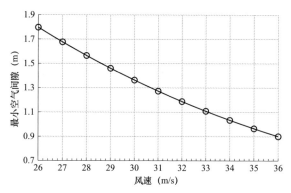

图 2-14　ZB131P 型杆塔最小空气间隙随风速变化的关系

根据设计规范，校验杆塔电气间隙时，风压不均匀系数根据水平档距变化取值为 0.61～0.8，则事故塔位区段各塔允许最大风偏角、设计风速时可达到的风偏角以及允许最大风计算结果见表 2-7。

表 2-7　　　　故障塔所属耐张段的直线塔设计和实际使用条件

运行号	塔型	大风 K_v 系数	边相串型	边相重锤情况	风压不均匀系数 α	28m/s 时的风偏角（°）	设计风偏角（°）	允许风速（m/s）
322	ZB128P	1.01	单 210kN	2×7 对	0.63	41.27	60	38
323	ZB131P	0.74	单 210kN	2×7 对	0.63	48.98	61	33.5
324	ZB131S	1.16	单 300kN		0.61	39.47	62	42
325	ZB128P	1.32	单 300kN		0.63	36.81	60	42
326	ZB128P	0.79	单 210kN	2×7 对	0.65	47.64	60	33.5
327	ZB128P	0.82	单 210kN	2×7 对	0.63	46.33	60	34
328	ZB128P	1.06	单 210kN		0.65	40.51	60	37.5
329	ZB131P	1.00	单 300kN		0.61	43.62	61	38
330	ZB131P	1.13	单 300kN		0.61	40.21	61	40.5

由以上计算结果可见，风压不均匀系数按设计规范取值时，该段线路设计风速时风偏角均不超过允许值，事故塔允许的最大风速为 I 回为 33.5m/s、II 回为 36.5m/s。

考虑地区大风特殊性，风压不均匀系数取偏保守值 0.75 时，各塔位风偏角及允许的最大风速计算结果见表 2-8。

表 2-8　　　　　故障塔所属耐张段的直线塔设计和实际使用条件

运行号	塔型	大风 K_v 系数	边相串型	边相重锤情况	风压不均匀系数 α	28m/s 时的风偏角（°）	设计风偏角（°）	允许风速（m/s）
322	ZB128P	1.01	单 210kN	2×7 对	0.75	45.94	60	35
323	ZB131P	0.74	单 210kN	2×7 对	0.75	53.44	61	31
324	ZB131S	1.16	单 300kN		0.75	45.26	62	38
325	ZB128P	1.32	单 300kN		0.75	41.63	60	38.5
326	ZB128P	0.79	单 210kN	2×7 对	0.75	51.92	60	31
327	ZB128P	0.82	单 210kN	2×7 对	0.75	51.04	60	31.5
328	ZB128P	1.06	单 210kN		0.75	47.75	60	35
329	ZB131P	1.00	单 300kN		0.75	49.43	61	34.5
330	ZB131P	1.13	单 300kN		0.75	46.02	61	36.5

由以上计算结果可见，风压不均匀系数取 0.75 时，事故塔允许的最大风速为Ⅰ回为 31m/s、Ⅱ回为 33.5m/s。由此可见，不同的风压不均匀系数取值，对风偏角校核结果差异显著。

二、750kV 阿某一线风偏跳闸

（一）事故概况

2016 年 5 月 16 日 21 时，750kV 阿某一线 A 相故障跳闸，运维单位组织巡视人员登杆检查，发现 355 号（设计号 N3081）、360 号（设计号 N3086）、361 号（设计号 N3087）三基杆塔的 A 相（右相）导线和塔材上均有明显的放电痕迹，如图 2-15～图 2-18 所示。

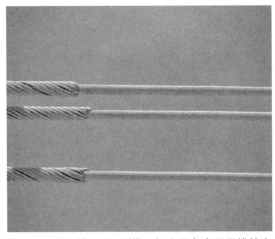

图 2-15　阿某一线 355 号塔 A 相小号左中子导线放电痕迹

图 2-16　阿某一线 355 号塔 A 相侧 580H 材放电痕迹

图 2-17　阿某一线 360 号塔 A 相大号侧左中子导线放电痕迹

图 2-18　阿某一线 360 号塔 A 相侧 429H 材放电痕迹

（二）气象调查

本次大风，由于该线路处于无人区，通过调查附近 A、B、C 区段，得出该输电线路大致事故下的风速。附近某 A 段极大风速（瞬时值）小于 30m/s，风向为偏西风，与线路走向呈约 45°夹角；B 段极大风速为 31～33.5m/s，风向为西北风，与线路走向呈 75°～90°夹角；C 段极大风速为 30～31m/s，风向为正北风，与线路走向近似垂直。沿线最大风速（10min 平均值）均明显小于 30m/s。

根据沿线参证气象站设计风速、地区风压换算设计风速、大风调查成果，参考附近已建线路设计和运行情况，并考虑沿线地形、海拔和主导风向等因素确定本工程设计风速：在标准风压系数下 50 年一遇 10m 高 10min 平均风速取值为 30～31m/s。

通过现场调查，该地不同程度出现了大风扬沙和强沙尘暴天气过程，其中某测站风速达 33.5m/s，大风裹挟着沙粒，能见度一度降至不足 10m，该地县城沙尘暴图片如图 2–19 所示。

图 2–19　事故区域沙尘暴袭击场景

（三）故障原因分析

经过前期的收资调查，通过核实本次大风沙尘暴情况，该输电线路在标准风压系数下 50 年一遇 10m 高 10min 平均风速取值为 30～31m/s，大于 5 月 16 日大风期间沿线气象台站实测最大风速（10min 平均值）的复核值 25m/s，因此设计风速具有一定安全裕度。

大风期间同时出现了近些年罕见的黑风（特强沙尘暴），根据国内相关课题的研究结论，在沙尘暴情况下，由于摩擦使得沙粒带电，带电砂砾在大风的带动下高速移动，形成带电通道，会在一定程度上减少工频击穿距离。

综上所述，认为本次风偏闪络故障的原因是在此次极端天气条件下，特强沙尘暴和持续大风综合作用的结果。

（四）防风改造措施

1. 防风偏措施简述

由于中相为 V 型串，本次防风偏措施主要加强直线塔边相 I 型串抗风偏能力。根据本地区以往工程经验，防风偏措施主要有加装重锤、复合绝缘子改为瓷绝缘子、加装支撑绝缘子、加装拦风锁、加装防风拉线、加长铁塔横担、安装下挂架等七个改造方案。

鉴于复合绝缘子改为瓷绝缘子要增加绝缘子长度，加装拦风索和加装支撑绝缘子实际运行经验少等原因，结合本地区设计和运行经验，本次防风偏改造方案主要考虑采用有设计和运行经验的加装重锤、加装防风拉线、加长铁塔横担、安装下挂架等四种改造方案进行技术经济可行性比选。

2. 加装重锤

如图 2-20 所示，导线边相 I 型串均预留有加装重锤的位置，加装的重锤安装完全在六分裂悬垂线夹内，并且与线路方向平行，不会影响线路间隙。

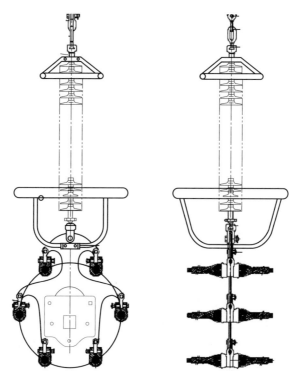

图 2-20 边线 I 串重锤安装位置示意图

每串可加装 16 片 FZC-30 重锤，每片重 30kg，合计 480kg。

在基本设计风速 30m/s（10min 对地 10m 高）、垂直档距和水平档距比为 0.95 时，ZB1 塔不加装导线重锤，大风风偏角为 54.4°，在加装 16 片 FZC-30 重锤后，大风风偏角为 50.4°，可见加装重锤后可使大风偏角减小 3°～4°，相应间隙增大 350～450mm。

另考虑到加装重锤施工方便，因此可在本工程选择使用。经测算，两侧边相加装重锤（各侧边相加装 16 片 FZC-30 重锤，小计 32 片/基）。

通过对全线直线塔按 33.5m/s 风速校核摇摆角，ZB2、ZB3 型直线塔通过绝缘子串加装重锤片，即可满足导线最大风偏时空气间隙的安全距离要求。本工程塔位排位时，铁塔使用条件有一定裕度，加重锤后杆塔受力满足设计要求。

3. 加装防风拉线

防风拉线对铁塔受力会产生一定的影响。在大风状态下，防风拉线可限制绝缘子串与导线的风偏角度，同时也会增大铁塔横担所承受的垂直荷载。经验算校核，当拉线控制绝缘子串最大风偏角度在 30° 以上时，铁塔能够满足受力要求，无需修改铁塔。但在施工时应严格控制施工误差，防止拉线过短导致绝缘子串最大风偏角过小。

基础设计采用的规程规范：

GB 50545—2010《110kV～750kV 架空输电线路设计规范》

DL/T 5219—2014《架空送电线路基础设计技术规程》

GB 50007—2011《建筑地基基础设计规范》

GB 50010—2010《混凝土结构设计规范（2015 年版）》

4. 加长铁塔横担

为满足导线最大风偏时空气绝缘间隙的安全距离要求，ZB1 型直线塔加长横担改造方案如下：

由于 ZB1 型直线塔横担加长 0.7m，地线保护角从 10° 增加到 12.80°，绕击率从 0.000 881 增加到 0.001 452，绕击率水平仅增加 0.000 571，对于全年 20 雷电日的少雷地区，绕击率仍然较低。

5. 安装下挂架方案

直线塔塔身随着挂点高度降低逐渐收窄，通过对直线塔横担安装下挂架降低挂点高度，可以增大最大风偏时，导线与塔身的安全距离。

由于 ZB2 和 ZB3 直线塔可以通过加装重锤片提高防风措施，而安装下挂架改造方案施工停电周期较长，在导线对地距离满足设计规程值的前提下，仅对 ZB1 型直线塔安装下挂架提出改造方案。

各防风偏处理方案比较见表 2-9。

表 2-9 防风偏处理方案比较

防风改造措施	加装重锤	复合绝缘子改为瓷绝缘子	加装支撑绝缘子	加装拦风锁	加装防风拉线	加长横担	安装下挂架
各项目比较	—	—	—	—	需做 1.5m 高混凝土防冲撞	—	—
	防盗	防盗	防盗	防盗	不防盗	防盗	防盗
	需停电作业	需停电作业	需停电作业	需停电作业	需停电作业	需停电作业	需停电作业
	防风效果一般	防风效果一般	防风效果较好	防风效果较好	防风效果较好，但拉线容易松弛	防风效果好	防风效果好
	施工方便	施工方便	需改造部分铁塔和金具，施工较复杂	施工方便	施工方便	加长横担，绝缘子挂点外移，施工较复杂	安装下挂架，绝缘子挂点下移，施工较复杂
	维护方便	维护方便	维护较复杂，无实际运行经验	较方便，但拉线容易松弛，需调节	较方便，但拉线容易松弛，需调节	维护方便	维护方便
是否推荐	可推荐	不推荐	不推荐	不推荐	可推荐	可推荐	可推荐

由于本次故障时平均风速小于设计风速，风偏闪络故障主要是瞬时阵性大风和沙尘暴同时作用的特殊极端天气导致的。改造方案应本着简单易行、局部试验、持续改进、逐步推广原则，优先采用加装重锤和横担改造的防风措施方案，在线路运维条件允许情况下，可实施加装重锤、加装防风拉线、加长横担和安装下挂架等方案，即 ZB1 型直线塔加防风拉线或横担加长改造，ZB2、ZB3 型直线塔及耐张塔跳线串加装重锤。

三、防风改造措施

（一）铁塔横担增加垂直挂架

根据运行单位反馈的情况，本次风偏主要是悬垂串对横担底面塔材放电。原因是悬垂串较短，悬垂串风偏后均压环首先对横担底面放电造成跳闸。经校核间隙圆，控制点确实在均压环对横担底面。故考虑在横担头增加垂直挂架，将带电点下移，从而获得相对多一些的允许风偏。

按 10min 最大风速 36m/s，导线平均高取 23m，风压不均匀系数 0.75 校核，事故耐张段各塔需要增加的垂直挂架高度及效果见表 2-10。

表2-10   故障区段塔所属耐张段各直线塔需要增加的垂直挂架高度

塔型	大风 K_v 系数	风偏角（°）		均压环对横担最小间隙（m）	需要增加垂直支架高度（m）
		不挂重锤	挂重锤	挂重锤时	挂重锤时
ZB128P	1.01		61.3	1.75	0.15
ZB131P	0.74		67.6	1.07	0.83
ZB131S	1.16	59.3	58.1	>1.9	0
ZB128P	1.32	56.0	55.0	>1.9	0
ZB128P	0.79		66.2	1.15	0.75
ZB128P	0.82		65.6	1.2	0.7
ZB128P	1.06	61.5	60.1	1.95	0
ZB131P	1.00	62.8	61.7	1.8	0.1
ZB131P	1.13	59.9	58.8	>1.9	0

由表 2-10 可见，事故耐张段各塔最多增加垂直挂架约 0.83m 即可满足 36m/s 设计风速的风偏要求。综合考虑铁塔横担荷载方面的要求，对需要增加的塔，垂直挂架长度统一取 0.5m。本段部分塔不满足 36m/s 风的要求，反算其允许的最大风速见表 2-11。

表2-11   增加0.5m垂直挂架后允许最大风速

塔型	原呼高（m）	大风 K_v 系数	挂重锤	
			允许风偏角（度）	允许风速（m/s）
ZB131P	47	0.74	64.8	33.5
ZB128P	38	0.79	64.1	34.3
ZB128P	43	0.82	64.1	34.7

根据初步评估结果，此方案需要对横担头挂点进行改造，形成向下增长 0.5m 的挂架，工作量相对较小。

（二）边相悬垂串安装防风拉线

为避免风偏后下导线线夹碰撞拉线金具，防风拉线与原悬垂串的连接初步设想有两种方案。一种方案如图 2-21 所示，将拉线串的第一个金具与联板固定成一体，保证其与联板的摆动角度一致。另一种方案是更换六分裂联板，将两个下导线线夹改为上扛式。这种方案相对第一种方案较为复杂。

悬垂串安装防风拉线后，大风情况下铁塔横担所受的垂直荷载将增加，为了减少此增量，拉线需要放松，让悬垂串在大风情况下仍可偏一定角度。综合

考虑允许悬垂串偏角 30°，拉线安装在悬垂串正下方时，拉线需要预留约 1.5m 余长。

悬垂串安装防风拉线后，大风情况下，导线水平风荷载对铁塔的作用力由于拉线作用而部分转化为对铁塔的垂直作用力，铁塔横担所受的垂直荷载将增加，可能影响铁塔安全。根据待改造耐张段实际情况估算，拉线安装在悬垂串正下方，预留余长约 0.5m 时，该耐张段内直线塔强度允许最大风速约 34m/s。

（三）铁塔横担增加垂直挂板

经校核间隙圆，控制点确实在均压环对横担底面。故考虑在横担头增加垂直挂板，将挂点下移，从而获得相对多一些的允许风偏。

1. 校验风速的确定

改造段校验风速的取值决定着改造方案及范围。本次风闪发生在 28m/s 风区，相邻风区为 36m/s；

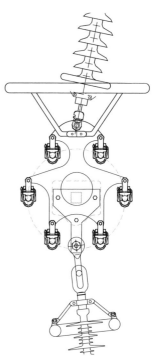

图 2-21　拉线连接示意图

风闪塔位东侧约 15km 铁路测风站测得最大风速为 27.6m/s，西侧约 15km 线路在线监测装置实测最大风速经高度换算后为 32.3m/s。从铁塔结构强度方面出发，以稀有风速验算工况校核铁塔强度，发生风闪的耐张段内直线塔允许的最大风速为 35m/s，因此初步确定改造段按 35m/s 风速校核风偏角，对不满足间隙要求的直线塔进行改造。

2. 风偏角、间隙及垂直挂板长度计算

按照给定的设计气象条件，事故耐张段各直线塔风偏角、间隙及需要增加的垂直挂板高度见表 2-12、表 2-13。

表 2-12　　　　吐某一回故障区耐张段各直线塔计算结果

塔型	风偏角（°）		均压环对横担最小间隙（m）	需要增加垂直挂板高度（m）
	不挂重锤	挂重锤	挂重锤时	挂重锤时
ZB128P		58.73	2.176	0
ZB131P		67.62	1.171	0.8
ZB131S	56.65	54.63	>2.176	0
ZB128P	52.09	49.95	>2.176	0
ZB128P		65.3	1.36	0.7

续表

塔型	风偏角（°）		均压环对横担最小间隙（m）	需要增加垂直挂板高度（m）
	不挂重锤	挂重锤	挂重锤时	挂重锤时
ZB128P		64.71	1.434	0.6
ZB128P	59.72	56.87	＞2.176	0
ZB131P	61.59	59.27	2.232	0
ZB131P	57.27	55.17	＞2.176	0

表2-13　　　　吐某二回故障区耐张段各直线塔计算结果

塔型	风偏角（°）		均压环对横担最小间隙（mm）	需要增加垂直挂板高度（m）
	不挂重锤	挂重锤	挂重锤时	挂重锤时
ZB131P		64.25	1.596	0.35
ZB131P		59.23	2.217	0
ZB131S	60.51	58.12	＞2.217	0
ZB128P	54.09	51.85	＞2.217	0
ZB128P		63.19	1.625	0.3
ZB131P		64.59	1.556	0.35
ZB131P	56.05	53.76	＞2.217	0
ZB131P		62.84	1.772	0.15
ZB131P	54.39	52.29	＞2.217	0

由表 2-13 可见，事故耐张段需要增加垂直挂板最大的约 0.8m 可满足 35m/s 设计风速的风偏要求。

四、改造方案比较

（一）加挂重锤片

悬垂串允许加挂重锤片最大为 420kg，可减小风偏角 1°～3°。本次发生风偏闪络的塔位均已加装了 420kg 的重锤片，且根据实际校核情况，其他未加装重锤片的杆塔，垂直档距系数均较大，重锤片的作用相对较小，故加挂重锤片只能作为一种补充措施。

（二）边相悬垂串安装防风拉线

边相悬垂串使用防风拉线，是西北大风区 220kV 线路常用的一种防风改造方案。据设计单位及运行单位反映，此方案虽在很多地方采用，但也是一种不得已而为之的方案，存在许多弊端。

750kV 线路边相使用防风拉线，主要存在两个问题：一是 750kV 线路导线分离数多，防风拉线与悬垂串的连接较为困难；二是安装防风拉线后，大风情况下六分裂联板受悬垂串及拉线的共同作用，转动很小，基本保持垂直状态，而导线线夹的转动不变，因此与不安装拉线相比，线夹更容易与联板碰撞，可能加快线夹损伤。

投资方面，待改造耐张段需要安装防风拉线的预计约 12 基塔（两回总计），费用不高。由于该方案导线不需落地，故停电时间较短。

（三）铁塔横担增加垂直挂板

根据需改造塔的实际荷载，当此方案垂直挂板长度超过 0.5m 时，挂挂板构件强度已不满足 35m/s 要求，而再增加挂板构件规格，则结构难以构造。因此，综合考虑挂板构造方面的要求，对需要增加的塔，垂直挂板长度统一取 0.5m。增加 0.5m 垂直挂板后，吐某二回所有塔风偏均满足 35m/s 风速，吐某一回需改造的 3 基塔风偏不满足 35m/s 风的要求。

（四）边相横担改造

首先，校验风速的取值原则与增加垂直挂板的方案相同，取 35m/s 风速，对加挂重锤片仍不能满足风偏要求的，进行边相横担改造，使悬垂串风偏后对塔身及横担间隙满足要求，改造示意图如图 2-22 所示。

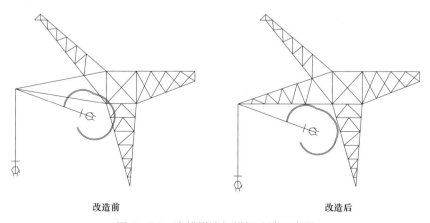

改造前　　　　　　　　　　　　改造后

图 2-22　直线塔边相横担改造示意图

图 2-22 中，原铁塔边导线横担均采用底面上翘型式，现改为下平型式。改造后边相悬垂串实际允许风偏角满足 36m/s 风速要求；改造后铁塔强度满足 35m/s 风速验算工况；改造后铁塔呼高降低，经校核对地距离均满足规范要求；地线支架相应需要改造。

本方案停电时间比安装防风拉线及加装垂直挂板方案的停电时间都长。

（五）改造方案比较

综合以上分析，初步设想的几个改造方案比较见表 2-14，经过多种方案比选，实际改造采用安装防风拉线方式。

表2-14   改 造 方 案 对 比

序号	方案	改造后允许风速（m/s）	费用评估	停电时间	主要优缺点
1	安装防风拉线	约34	低	短	优点是停电时间短，实施方便，费用低，缺点是对长期运行不利
2	增加垂直挂板	一回33.5 二回35	低	短	优点是费用低，停电时间短，实施方便，缺点是改造后防风偏效果不够明显（一回）
3	横担整体改造	36	中	长	优点是改造后防风偏效果明显，费用适中，缺点是改造工程量相对较大，停电时间长

第四节 输电线路防风偏主要措施

一、防风偏管理措施

导线风偏跳闸主要有设计、建设、运维等方面的原因。

设计方面主要细节问题：设计风速取值不合理；加装重锤片数不满足要求；防风拉线过紧及防风横担强度不足；V串卸载角不足造成脱扣掉串；绝缘子串转动不灵活造成金具磨损较大；排杆定位时未合理布置杆塔位置，杆塔摇摆角处于临界状态易发生风偏闪络；与干字形耐张塔相邻的酒杯型直线塔中相摇摆角不足及边相易兼角；与猫头直线塔相邻的酒杯型直线塔中相摇摆角不足及边相易兼角等。

施工方面主要问题：跳线出口弧垂方向与安装后的跳线弯曲方向不一致；跳线安装未成悬链线自然下垂，有明显弧度；跳线安装后跳线距离杆塔最近点未达到设计要求的电气间隙值（过大或过小的弧垂都不满足要求，弧垂过大，对塔身电气间隙不足；弧垂过小，对横担顶部电气间隙不足），对直线塔有位移产生兼角；施工复测时角度和转角塔的位移值未参照 GB 50233—2014《110kV～750kV 架空输电线路施工及验收规范》等相关规程规范执行。

新建线路设计时要充分考虑到特殊地形、微气象区等可能发生大风区域的杆塔使用情况。首先，必须保证断面测量的准确，以便能合理布置杆塔，避免或减少垂直档距太小或上拔现象；其次，在已调查清楚的特殊地形、微气象区

等可能发生大风的区域应尽可能使用允许摇摆角大的塔型，减少对塔身垂直面放电的概率；最后，因客观原因造成杆塔垂直档距小或发生过风偏的区域要采取必要的防范措施。设计时要充分调查线路经过地区的风力情况，不仅要获得沿线气象台账的资料，更重要的是多与有运行经验的线路维护单位沟通，广泛走访当地居民，获取详细、可靠的资料，方能有针对性地采取防风偏措施。

在新建线路设计中一定要注意加强线路路径的实际观测、测量，避免形成设计错误；对强风多发地带，新建线路研究、设计直线塔的三相导线均建议采用 V 型串悬挂等防风偏措施。在设计双回或多回并行线路时，相邻线路之间的间距要大于导线的最大弧垂；确实不能保持的，要逐基验算相邻的风偏，并在排列塔位时尽可能保持同步。

在运行方面，应加强对微气候区的观测和记录，积累运行资料，应加强送电线路所经区域的气象资料收集，特别是飑线风的数据收集，包括发生时段、频率、风速、区域等，并加强导线风偏的观测。

运行巡视中采取一些交叉巡视、集体巡视等方法，避开习惯的观察角度，有助于全方位检查观察线路；为了弥补气候和时间段造成的巡视范围不足，要在巡视中同时记录当时的气温、某些特殊建筑、周边树木情况，便于验算最高气温或最大风偏情况下对地或对周边树木建筑的安全距离。

耐张塔跳线风偏在风偏故障中占多数，只要解决耐张塔风偏就可大幅度降低风偏故障。如 1996～2003 年全国发生 110kV 及以上线路对塔身风偏放电 210次，其中耐张塔风偏 142 次，占 67.6%。耐张塔在输电线路中的使用比例是比较低的，一般为 1/5～1/20，而耐张塔风偏故障比例远大于其使用比例。其中220kV 耐张塔风偏所占比例最高，220kV 耐张塔风偏主要表现在干字型塔中相跳引线对塔身或中相挂线金具放电，这主要是因为干字型塔中相跳引线施工工艺存在松弛、单跳线串等问题，容易在大风时发生摇摆引起的。根据统计结果，耐张塔边相跳线也存在风偏情况，但因其长度短，施工工艺较好控制，所占比例很小。

耐张塔的风偏防范相对简单，如对干字型塔中相跳引线风偏可采取双挂点改造，即在与地线横担垂直方向的原跳线串挂点处加装长度不小于 2m 的角钢或槽钢，在该角钢或槽钢两端设置挂点并悬挂跳线串，取代原单跳线串，在跳线串下端悬挂长度不小于 4m 的跳线扁担，将跳线固定在绕跳线横担上。这里要注意，改造时一定要严格控制绕跳线的长度，不能太长，要使其承受一定的张力，具体控制方法是绕跳线不能出现小弧垂，跳线串与垂直地面方向出现 10°以上夹角。只要能按照工艺要求施工，这种改造效果明显，可以完全避免此类

风偏故障。

单回路耐张塔边相跳线或双回路、多回路同塔架设的耐张跳线有时也存在风偏现象，一方面是因为风速太大，另一方面是个别跳线工艺较差，人为施工造成空气间隙缩短。解决办法有改善跳线形状、加装跳线串、已有跳线串时在跳线串下加挂重锤等。因为跳线本身长度短，风荷载小，无论跳线串或重锤，其重量相对于跳线风荷载很大，因此都可取得良好的效果。

直线杆塔的风偏放电有两种情况，一种是对杆塔身的垂直面放电，这种现象居多，另一种是对横担放电。对杆塔身的垂直面放电说明杆塔本身存在允许摇摆角小的缺点或悬垂绝缘子串太长的缺点，对横担放电说明允许摇摆角不存在问题。直线塔风偏常常是由于断面测量不准确或杆塔垂直档距不满足设计条件而勉强增加杆塔造成垂直档距小或上拔的。

一般情况，风速不会不大，以加装重锤片最为简单，也能起到一定防风偏效果。如垂直档距太小或存在上拔现象，最有效的办法是加装防风拉线，用绝缘子从导线下方固定导线，这种办法能完全避免风偏，但也形成了新的隐患。一是导线不能来回摆动，造成导线长期承受扭矩，容易出现疲劳断股，因此应定期打开检查悬垂线夹检查导线；二是防风拉线又形成新的隐患，下方固定导线的绝缘子存在闪络可能，绝缘子固定点可能遭受破坏，因此防风拉线的绝缘子爬距及长度一定要超过原绝缘子，且应固定在杆塔的牢固构件上。因复合绝缘子呈棒形，风偏时实际间隙圆的半径远比呈链状的盘形绝缘子大，且其自重小，同等情况下复合绝缘子较易发生风偏，所以在可能发生风偏的区域应少用复合绝缘子，或采取其他防风偏措施。

二、防风偏措施

（一）规划设计措施

根据风害故障统计，86.48%的故障是由于设计原因造成，故障区段一般为飑线风、龙卷风、台风频发区域或微地形区域，故障时段实际风速大于设计风速，导致线路风偏跳闸甚至倒塔。因此，新建线路设计时应严格按照本地区最新版电网风区分布图，合理选择线路路径，尽量避开强风地区。

新建线路设计时，应加强线路所经区域气象及风害故障的收集，结合邻近已有输电线路，以及通信、铁路等其他行业的运行经验，采取相应的防范措施。

由于暴风、台风（飓风）的不确定性和随机性，线路设计时对此类极端天气一般均未考虑其影响，导致暴风地区、台风（飓风）地区、微地形微气象区域等区域实际风速可能会大于设计风速的情况。因此，应加强此类区域极端风

速的收集，监视和记录风害事故时刻的自然环境情况，专题论证该类区域内新建线路设计风速。

为防止重要输电通道在台风、暴风等极端天气下出现多条线路同时风偏跳闸的严重情况，宜采取差异化设计，提高防风水平。

500kV 及以上架空线路 45° 及以上转角塔的外角侧跳线串宜使用双串绝缘子并可加装重锤，15° 以内的转角内外侧均应加装跳线绝缘子串。

垭口、河谷、地势开阔的湖区等地区线路易发生风偏故障，新建线路设计时应采取 V 型绝缘子串、防风偏绝缘子、硬跳线、加装重锤等有效防风偏措施。

（二）运维技术改造措施

1. 边相横担增加垂直挂架

从前面分析的不同杆塔的电气间隙距离可以看出，在风偏时大部分型号杆塔线路距离横担距离比距离塔身距离较近，在塔头增加垂直挂架相当于增加了线路与横担之间的距离，可以根据不同型号的杆塔和风速及计算的线路距离横担的距离来计算需要增加的垂直挂架的高度。需要注意的是增加垂直挂架，应相应对导线弧垂对地安全距离等运行方式进行校核，如图 2-23 所示。

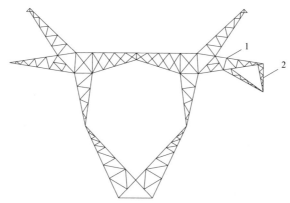

图 2-23　防风偏塔头效果图

1—横担；2—垂直挂架

2. 加装防风拉线

750kV 输电线路加装防风拉线，可以适当增加拉线的长度裕度，加装防风拉线效果比较明显，但是加装防风拉线也存在连接金具磨损较大，风偏后影响杆塔整体受力等对运行不利因素。图 2-24 为针对 750kV 加装防风拉线示意图。

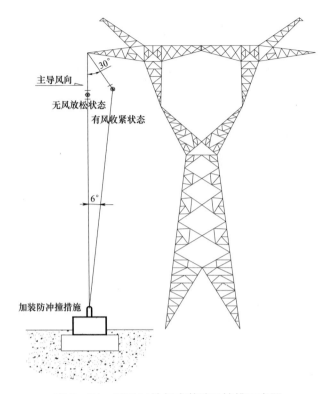

图 2-24　750kV 边相安装防风拉线示意图

规范防风拉线制作与安装：

（1）挂点选择：中相引流宜采取在跳线托架通过金具连接。

（2）固定方式：中相引流防风拉线可直接固定在下横担（新建工程设计应提供挂点）。

（3）其他要求：一般拉线选用镀锌钢绞线，截面积应通过风荷载计算校核后确定，且截面不宜小于 50mm²，金具选用国标产品，当需加工非标金具时，应通过试验确定其机械强度。

3. 采用防风偏拉索

防风偏拉索相对传统加装重锤的方式减少了对杆塔的影响，综合费用低于加装重锤的方式；相对于 I 型串改 V 型串的抗风偏措施来说，采用防风偏拉索的方案不需要改变杆塔横担结构，同时可以带电改造，因此综合费用较低。通过现场应用情况看，该装置可以将风偏角限制在安全范围内，能够有效阻止导线在大风作用下对杆塔的放电。

防风偏拉索适用于塔头间隙较小的各类直线塔型；适用于易受外力破坏、

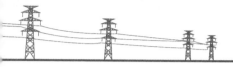

挖拉线坑受阻的杆段；不需要改变杆塔横担结构，可以带电改造，综合费用较低，防风效果较好。

4. 加装重锤

加装重锤防风偏对耐张杆塔引流线是非常有效的方法，杆塔最多可加装7 对重锤，但是对直线杆塔导线加装重锤效果较差，对于防风偏效果不大。另外，加装重锤后，在考虑导线风偏时，应同时考虑重锤增加的距离对空气间隙的影响。

5. 塔窗横向弹性支撑

塔窗横向弹性支撑适用于常年主导风向一致，适用于外力破坏多发、挖拉线坑受阻的杆段，适用于各类直线杆塔水平排列的导线，如图 2-25 所示。

图 2-25 塔窗横向弹性支撑防风偏图

该方式通过绝缘子横向与导线相连，当主导风向导致风偏时，由绝缘子进行牵制。该方式优点：安装方便、改造费用少、改造效果好。缺点：碗口锁紧销易脱出。

6. 外延侧拉

外延侧拉适用于边相导线，横担较短情况；适用于外力破坏多发、挖拉线坑受阻的杆段；适用于各类直线杆塔边相导线，如图 2-26 所示。

连接方式为导线→连接金具→双串绝缘子→连接金具→外延横担。

该方式优点：安装方便，不需改变塔头，投入少，改造效果较好。缺点：导线金具连接处受力不均衡，在强风时会造成双串绝缘子连接处产生损伤。

图 2-26 外延侧拉防风偏

7. 防风横担

防风横担适用于双杆水泥杆；适用于外力破坏多发、挖拉线坑受阻的杆段，适用于各类直线杆塔导线水平排列的方式，如图 2-27 所示。

图 2-27 防风横担

连接方式为导线→连接金具→绝缘子→拉线→防风横担。

该方式优点：在塔头改造时，不需对地打拉线，节省改造费用。缺点：在强风下防风横担容易损坏、变形，且带电作业不便。

8. V 型串绝缘子

V 型串绝缘子适用于横担或塔窗较长，易于改造的杆塔，如图 2-28 所示。

连接方式：导线→金具→V型串绝缘子→连接金具→横担。

该方式优点：改造方便，防风效果良好。缺点：背风支绝缘子长期受风力挤压，碗头锁紧销易脱出，导致绝缘子掉串。

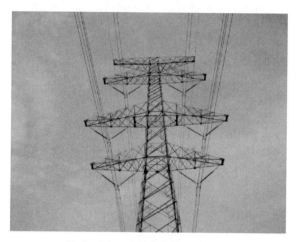

图2-28　V型串绝缘子防风偏

9. 柱式绝缘子

柱式绝缘子适用于引流线防风偏，如图2-29所示。该方式优点：对于引流线防风效果较好。缺点：由于受风面积增大，且不能抵消风能，绝缘子承弯剪力较大，不利于强风下运行。

图2-29　柱式绝缘子防风偏

10. 复合横担

复合横担适用于各种类型紧凑型线路，如图2-30所示。该方式优点：对于防风偏效果较好。缺点：复合横担存在老化问题，运行经验较少，状态评估手段缺少。

图 2-30　复合横担

第三章 电力金具磨损

第一节 电力金具磨损概述

一、电力金具分类

输电线路电力金具产品可以划分为可锻铸铁类、铝铜铝类、锻压类、铸铁类。按具体产品的实际作用与用途，通常又可分为架空线路金具、屋内外配电装置金具（变电设备金具）、配电线路金具等。其中输变电金具主要包括悬垂线夹、耐张线夹、连接金具、接续金具、保护金具、拉线金具、设备线夹、T型线夹、固定金具等9大类。输变电工程上广泛使用的铁制或者铝制金属的附件配件等，均统称为金具。

金具种类与用途多种多样，有线路上安装导线而使用的各种线夹、配合绝缘子串的各种不同的挂环、连接导线时使用的各类压接管、分裂导线中使用的各类间隔棒，除此之外还有杆塔上使用的各种类型的拉线用途的金具。这些金具都关系着导线以及杆塔的安全可靠，就算只有一只损坏，也很有可能造成输电线路的整体故障。所以，电力金具的质量、安装、运行、维护都对输电线路的安全有着重要的影响。

（1）电力金具按作用及结构即功能性划分可分为悬垂线夹、设备线夹、保护金具、母线金具、耐张线夹、接续金具、拉线金具、连接金具、T型线夹等类别；按用途的不同可分为变电金具以及线路金具两部分。

（2）按电力金具产品单元即材料种类的不同可划分为可锻铸铁类、铸铁类、锻压类和铝铜铝类。

（3）按标准的不同还可分为国标与非国标。因为金具本身功能性方面的需求，所以大部分金具在其运行过程中均需要承受较大的拉力，有些不仅承受载荷还要同时保障电气的良好接触，它密切关系着导线、杆塔、电力设备的安全运行。

以输电线路为例，金具的连接方式主要分类三类：① 球-窝方式（见图3-1），球-窝连接是专用连接金具，是根据与绝缘子连接的结构特点设计出来的，用于直接与绝缘子连接。主要应用于悬式绝缘子配合使用，包括球头挂环、碗头挂板等形式，其优点是转动灵活、挠性较大，装卸方便。② 环-链方式（见图3-2），采用与环相连接的结构，属于线线接触金具，包括U形挂环、直角环、U形螺栓等，优点是结构简单，转动灵活。③ 板-板方式（见图3-3），板-板连接是借助于螺栓或者销钉实现连接的金具，包括平行、直角、U形挂板、联板、牵引板、调整板等。

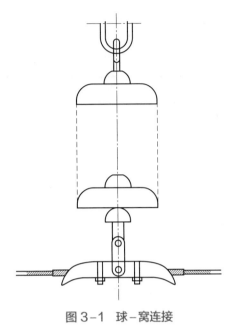

图3-1 球-窝连接

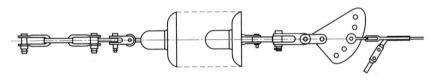

图3-2 环-链连接

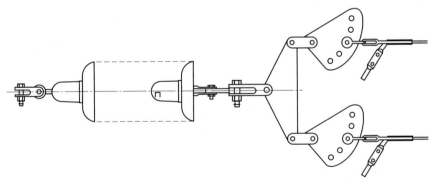

图3-3 板-板连接

二、电力金具磨损成因

灾害性、持续性强风对输变电设备电力金具的安全运行带来严重危害。电力金具在长期持续性风力作用下，输电线路绝缘子、导线等部件发生偏转，连接点出现相对滑动。由于风载荷的随机性和时变性，金具相对滑动角度大小也随着风荷载的变化而变化。长年累月的摩擦损伤引起金具的截面尺寸减小，承载能力减弱，严重者造成金具失效断裂，导致电力设备短路停电等严重事故。

输电线路不仅承受正常运行应力，还要承受风力引起的频繁的交变应力的作用，长时间、周期性的作用会造成电力金具疲劳磨损，甚至断裂。引起电力金具严重磨损的原因主要有：① 环境原因。输电线路所处环境复杂，气候多样，在风速、风向等多种因素作用下，线路导线、金具荷载不断发生变化，带动金具频繁晃动，使得电力金具产生磨损。② 设计因素。在线路设计时，未充分考虑线路走向、悬挂高度、运行张力、防振水平等，在结构设计方面选型不当，进而导致线路运行后产生金具磨损。③ 金具制造原因。电力金具由于材料质量存在缺陷，导致金具磨损。另外，如果镀锌保护层不符合要求，一旦磨损，加上雨水、环境气体的浸蚀，会加剧金具磨损。

三、电力金具磨损主要类型

（一）地线、光缆挂点金具与背靠背塔材磨损

位于大风区域的输电线路的地线、光缆连接金具中，挂板的金具材料一般采用铸铁和锻压钢，在长期横向大风持续作用下，不停上扬摆动，挂板与挂点背靠背塔材的连接存在间隙十分微小，造成挂点金具与塔材不断碰撞、摩擦，当能量不能得到及时释放时，同时金具与塔材接触面较小，碰撞、摩擦产生的能量只能通过较小接触面释放，因此，金具会产生剧烈的磨损，造成金具及塔材的疲劳损伤，如图3-4所示。

（二）导线悬垂线夹磨损

迎风侧子导线悬垂线夹为铰支型连接，而防风拉线绝缘串是连接在两根子导线中间的三角联板中间的结构形式，如图3-5所示。大风时迎风侧子导线发生风偏与防风侧拉串上的金具或均压环发生碰撞，铁与铝合金的碰触，导致铝制悬垂线夹被磨损，严重者造成脱线事故，如图3-6所示。

图 3-4　地线挂板金具与背靠背塔材磨损

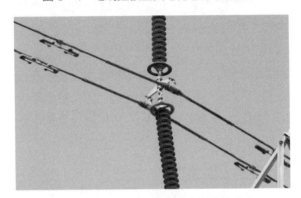

图 3-5　磨损的导线悬垂线夹现场状态

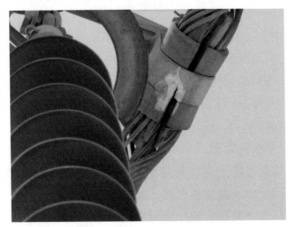

图 3-6　导线悬垂线夹磨损局部

（三）球头挂环磨损断裂

球头挂环一端连接铁塔横担，另一端连接挂线绝缘子，在常年主导风力作用下，球头挂环的一侧面不断磨损，导致球头挂环长期疲劳磨损，如图 3-7 所示。球头挂环长时间承受不规则的交变荷载作用，尽管交变应力低于材料本身的极限强度，但它长时间作用仍然会造成疲劳损伤，再加上该地区条件恶劣，破坏速度加快，使用寿命缩短。当相当大的交变应力多次反复作用，球头脚颈开始有极细微的裂纹产生，进而发展成裂缝，裂缝不断发展，向构件内部延伸，最后在一个较大的不均匀风荷载作用下，导致断裂，如图 3-8 和图 3-9 所示。

图 3-7　球头挂环长期受一侧风力磨损变形

图 3-8　球头挂环断裂后故障线路状态

（四）地线（光缆）悬垂线夹与塔材磨损

该类电力金具发生磨损的特点是：线路走向与常年主导风向基本呈垂直，地线悬垂线夹与塔材距离过近。在垂向大风作用下，地线（光缆）与接地线发生风偏，并发生摩擦，导致线夹处有磨损现象，如图 3-10 所示。

图 3-9 球头挂环断裂面

图 3-10 地线（光缆）悬垂线夹与塔材磨损

（五）U 形环磨损

U 形环广泛用于光缆、地线的挂点金具连接部件，在大风作用下，悬垂连接金具横向频繁摆动，造成 U 形环磨损严重。由于该类连接为"环—环"连接，横线路方向不能转动，在受到横线路方向风力荷载作用下，其连接金具承受附加弯矩增加，加速 U 形环磨损，再加之其接触面较少，磨损产生的能量集中于连接点，造成连接点磨损加速。据现场调查，个别 U 形环在线路投运 1～2 年内，直径因磨损减少 40%。经过统计，此类金具磨损多发生在 36m/s 及以上强风区段地线及光缆挂点连接金具，如图 3-11 所示。

图 3-11　光缆挂点金具（U 形环）磨损

（六）锁紧销挤压变形脱出

发生该类故障的多为 V 型绝缘子串。在大风垂向 V 型绝缘子，导致 V 型串绝缘子背风肢长期受压，绝缘子球头长时间的反复挤压、摩擦导致 R 型锁紧销变形，失去了锁紧销功能，从而发生绝缘子掉串，如图 3-12 所示。

图 3-12　锁紧销脱出导致绝缘子掉串

球碗连接结构（带 R 销或 W 销）是最为灵活的铰接结构之一，运行经验丰富，安装方便，因此在 V 型串绝缘子和金具的连接中得到广泛采用。但从理论上讲，只要存在风的作用，球头和碗头之间就会产生摩擦，引起磨损；当风速较大、风作用的频次较为密集且连接金具转动不灵活时，则会加剧球碗间的磨损；磨损累积到一定程度后，就易引起 R（W）销变形和球头受损，如图 3-13 所示。

图 3-13 锁紧销变形脱出

（七）子导线间隔棒磨损

子导线间隔棒在风力作用下，子导线带动间隔棒在其关节处反复运动，导致支导线间隔棒支撑线夹夹头与框体出现不同程度磨损，间隔棒线爪与框体存在不同程度的磨损，导致线夹螺栓处发黑，磨损严重者导致关节处不能灵活转动，起不到应有的支撑作用，若线夹与框体脱开会导致子导线鞭击磨损等严重隐患，如图 3-14、图 3-15 所示。

图 3-14 磨损的间隔棒（整体）

（八）均压环疲劳磨损脱落

在风力作用下，均压环在风力作用下周期性摆动造成均压环连接处套筒脱开和绝缘子自带小均压环与绝缘子连接处撕裂，造成绝缘环脱落或损坏。发生

均压环脱落区段的线路走向呈东西走向，该区段的主导风向与线路走向约呈45°夹角。由于绝缘子"V型串"和"V型串＋I型串"在风力的作用下，右侧绝缘子处于松弛状态，均压环与主导风向形成较大的迎风面，均压环在风力作用下周期性摆动造成均压环连接处套筒脱开和绝缘子小均压环与绝缘子连接处撕裂，如图3－16所示。

图3－15　间隔棒线夹与框体磨损发黑（局部）

图3－16　750kV某线路导线端均压环脱开

（九）防振锤疲劳磨损失效

防振锤是起着减轻导地线振动作用的一种保护金具，实际上，由于长期持续大风的作用，防振锤经常会出现沿线滑移、防振锤断趾等缺陷，导致防振锤功能失效，如图3－17所示。

图 3-17　防振锤疲劳磨损失效

第二节　电力金具磨损机理

一、国内外研究概述

摩擦磨损性能是一个运动系统中摩擦副的关键性能，直接关系到运动系统的运行稳定性、安全性以及零件的使用寿命，因此对摩擦副的摩擦学特性的研究已成为当今多学科交叉研究的热点。摩擦磨损问题的数值模拟就是将某个摩擦副摩擦磨损过程离散化，对每一个离散单元动态过程准静态化，在已有的摩擦磨损理论基础上建立相应的数值模型。

我国在 GB/T 5075—2001《电力金具名词术语》、GB/T 2317.1—2008《电力金具试验方法　第 1 部分：机械试验》、GB/T 2314—2008《电力金具通用技术条件》、DL/T 756—2009《悬垂线夹》、DL/T 759—2009《连接金具》等标准的基础上制订了电力行业标准 DL/T 1693—2017《输电线路金具磨损试验方法》。标准充分考虑到输电线路电力金具的实际运行状态和受力情况以及整个行业的技术现状，为我国磨损金具产品的生产和应用提供技术支持。标准采用加速磨损的方式考核金具的耐磨损性能，首次在标准中规定了架空输电线路地线用连接金具和悬垂线夹磨损试验的载荷、频率、摆动角度、磨损次数等性能指标和试验方法。

国内学者也相继从自己的研究对象出发，根据对象不同的工作条件建立了不同的摩擦磨损有限元模型，在研究材料摩擦磨损方面取得了积极的成果。

徐建生等利用有限元软件建立滑动摩擦副结构耦合模型，计算了模型的温

度场以及热应力场，研究了模型在各种转速和载荷下的温度变化，并通过实验验证了计算模型的正确性。西安交通大学的宿月文等应用有限元和数值仿真方法，建立了滑动摩擦磨损过程预测模型，通过引入磨损步长的概念和移动接触边界节点的方法来描述材料的去除过程，利用结构优化算法中的边界未依法解决了边界节点变动导致的内部网格问题，并采用软件开发了通用程序。

针对超高压输电线路地线 XGU 型悬垂线夹船体凸轴和 U 形环出现的大量磨损现象，陶光明、肖海东等发现如下磨损规律：大小号侧档距相差悬殊的直线杆塔线夹易磨损。因两侧档距相差很大，气象变化时两侧导线受的张力不同，更易引起线夹的摇摆磨损；处于山头的塔（受下压），线夹轴的磨损是受力和风速二者综合作用的结果；在有高差的输电线路连续档中，由于垂直与水平档距之比相对较小，造成导、地线较大幅值顺线路频繁串动，是引起线夹挂板与船体挂轴间滑动摩擦的主要原因。因此，根据观察可以得出：连续下山段中直线塔的线夹易磨损；相邻两基塔高出本塔易磨损；相邻杆塔高差大的直线塔的线夹易磨损。根据以上分析，提出了地线金具的结构改进、加大连接处的面积、更换为提包式线夹、添加自润滑轴承等措施。

潘丹青等人根据 500kV 董辽线、元董线、董王线等输电线路现场检查发现及磨损试验证明：架空地线悬垂线夹的磨损主要发生在船体的挂轴，而挂板孔及其他部位的磨损比挂轴的磨损要轻微得多，所以分析研究将以挂轴为主。可根据悬垂线夹在使用中的最大荷载确定挂轴直径的最大允许磨损量，作为悬垂线夹可否继续使用的判据。通过磨损试验可认为：延长 XGU 型悬垂线夹使用寿命的有效措施是对线夹挂板进行碳氮共渗低温回火热处理，提高其硬度及在线夹挂轴喷涂固体润滑剂——二硫化铂，以改善其耐磨性。

北京供电局张学哲等根据现场输电线路悬垂线夹的磨损，发现如下规律：① 连续下山段中的直线塔的线夹易磨损；② 受上拔力影响，相邻两基塔高出本塔则宜磨损；③ 处于山头的塔（受下压）也会发生线夹磨损；④ 如导线线夹发生磨损，则地线线夹轴一定受磨损；⑤ 地线线夹轴的磨损率大于该塔导线线夹轴的磨损率；⑥ 铁塔（或导、地线）受上拔力是其线夹轴产生磨损的主要根源。

云南电力试验研究院（集团）有限公司电力研究院杨迎春等人开展了热喷涂技术提高输电线路悬垂金具耐磨性的应用研究。对五种热喷涂工艺在提高金具耐磨性中的应用，通过对比，形成结论：① 相比不喷涂和单边喷涂，双边喷涂可以明显降低金具磨损量；② Mn、Cr、W 等元素对于改善材料的耐磨性具有重要作用，W 元素效果更明显。

三峡大学汪旭旭等针对地线悬垂金具的磨损原因进行了研究，分析了荷载、地线振动、舞动、档距地形等因素对金具的磨损，又分析了雷电流对线夹造成的烧损和大气中氧、水分对金具磨损的影响，提出了金具表面处理选择先喷涂高碳钢及镀铝，然后电火花强化磨损关键点、结构上采用增大接触面积、使用衬套等方式。

1937 年德国的 Tonn 根据磨损与材料机械特性之间的关系，第一个建立了磨料磨损的计算模型，接着国外许多学者也各自提出了各种不同的计算摩擦磨损的公式。

J F Archard 教授在 R Holm 和 Burwell、Strang 工作的基础上提出了 Archard 黏着磨损计算模型。在该模型公式中，有两点基本假设：① 金属的变形是塑性变形；② 实际接触面积与载荷成正比关系。在此基础上国外学者通过现代代数方法和信息技术对摩擦磨损的仿真研究迅速开展起来。

Mona Oqvist 采用有限元程序 NIKE2D 来模拟微量磨损中摩擦表面形貌变化与时步的关系，目的在于探索如何高效准确地模拟摩擦表面形貌随时步推移不断演化的过程，模型尝试将刚体的弹性变形考虑在内，并通过实验研究对模拟的结果进行验证，结果发现模拟与实验的结果高度一致。

Priit Podra 等采用有限元法离散化对偶件接触面，分析每个单元的应力分布，然后根据 Archard 线性磨损理论公式计算磨损系数。试验测定了三种不同接触方式的金属材料摩擦性能，其结果与计算值趋势一致，但存在 30%左右的偏差，分析认为其与磨损系数的取值和计算精度有关。

Peterseim 等针对某型号金具摩擦磨损实验数值仿真建立了模型，并开发了仿真计算的计算机程序，通过不断改变材料和实验的输入参数，可以计算磨损体积损失和磨损表面形貌参数。

二、磨损成因与机理

（一）磨损的形成

输变电金具的不同连接方式，在外力作用下发生相对滑动，必然会有能量损耗和表面物质丧失或迁移，金具表面形状和尺寸会在摩擦作用下遭到缓慢而连续的破坏。磨损普遍存在于自然界中，磨损不仅消耗材料，浪费能源，并直接影响到设备寿命和可靠性，是材料和设备失效或报废的主要原因之一。针对输变电设备金具而言，由于电力金具磨损部位往往难于观察，严重者造成金具断裂，造成输变电设备停电事故，给电网安全带来严重危害。

磨损的主要特征如下：① 并不局限于机械作用，如伴随化学作用而产生

的腐蚀磨损、伴同热效应而造成的热磨损等现象；② 磨损是相对运动中产生的现象；③ 发生在物体工作表面材料上；④ 磨损是不断损失或破坏的现象，包括直接损失材料、材料转移、产生变形等。

（二）磨损的分类及阶段

磨损按照机理可以分为以下类型：

（1）黏着磨损（adhesive wear）。当摩擦副接触时，首先接触发生在少数几个独立的微凸体，造成该局部压力可能超过材料的屈服应力而发生塑性变形，继而由粘着效应形成黏结点，在两个固体之间发生相对运动时，剪切断裂黏着点。如果金属表面断开处发生了金属转移，材料从一个表面转移到另外一个表面，即有一部分软金属黏在较硬的金属微凸体上，在这样的过程中便形成了黏着磨损。当金属或固体进一步滑动时，又使得附着的金属或固体软材料从硬表面脱落，从而形成游离磨粒，粘着磨损表面特征有擦痕、锥形坑、鱼鳞片状、麻点等，如图 3-18、图 3-19 所示。

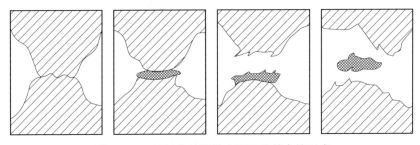

图 3-18　接触点的塑性变形及黏着点的形成

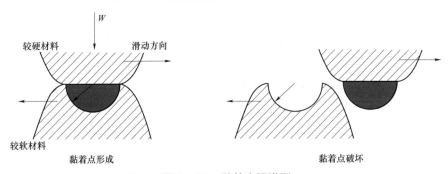

图 3-19　黏着磨损模型

（2）磨料磨损（abrasive wear）。产生磨料磨损的原因是较硬的固体微凸体压入较软的固体物质表层，并滑动犁出沟槽。按照摩擦表面发生磨粒磨损时状态的不同，可分为二体磨损和三体磨损。常见于一个表面硬的微凸体和另一个表面接触，或两个摩擦面之间存在硬的颗粒，或硬的颗粒嵌入两个摩擦面中的

一个，在发生相对运动后，使两个表面中的某一个面材料发生位移而造成磨损。

发生过程包括三个阶段：第一阶段，磨料从工件表面滑擦而过，只有弹性变形而无切屑；第二阶段，磨粒切入工件表层，刻画出沟痕并形成隆起；第三阶段，切削厚度增加到某一临界值，切下切屑，如图3-20所示。

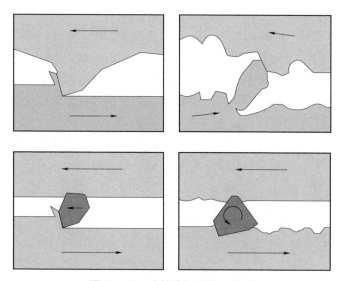

图3-20　磨粒磨损产生示意图

按照摩擦表面的数目分为二体磨料磨损和三体磨料磨损。

二体磨损：相对运动的表面，较硬摩擦面上的微凸体在较软的表面上进行的切削。三体磨损：两相对运动的表面间夹杂坚硬的物质，这种物质是外来物，或由摩擦副自身产生的磨粒在两摩擦副间滚动，或因镶嵌在一个表面而造成摩擦副表面的犁削。

磨料磨损是最常见的磨损形式。

按摩擦表面所受应力和冲击的大小，可分为凿削式磨料磨损、高应力碾碎式磨料磨损、低应力擦伤式磨料磨损。

（3）接触疲劳磨损（surface fatigue wear）。由于长期的周期性的载荷作用，固体表面或内部首先产生微小裂纹，裂纹不断发展，导致微小金属脱落，表面出现微坑，体积或截面积不断变小或断裂，形成表面疲劳磨损，如图 3-21、图3-22所示。疲劳磨损一般是不可避免的。

疲劳磨损就磨屑形状来说分为点蚀和剥落。凹坑小而深，磨屑呈扇形的为点蚀；凹坑大而浅，磨屑呈片状的称为剥落。

影响疲劳磨损的因素主要有载荷、材料性质、润滑剂及水分、膜厚比等。

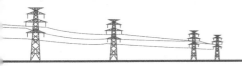

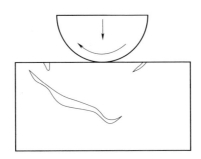

图 3-21　疲劳磨损产生示意图

图 3-22　疲劳磨损发生过程

疲劳裂纹，又称裂纹源，一般萌生在高应力处：① 应力集中处，包括材料的缺陷、夹杂，或孔、切口、台阶等；② 构件表面，应力较高处。

对于滚动接触的理想材料，其破坏位置取决于最大交变切应力的位置；对于滚动兼滑动的接触，破坏位置移向表面。材料并不理想的，其破坏的确切位置会受到材料内存在的杂质、孔隙、微观裂纹和其他因素的影响。

（4）腐蚀磨损（corrosive wear）。腐蚀磨损是由腐蚀和磨损两个过程完成的，固体表面首先与环境中的化学物质发生反应，再由摩擦将反应物去除。腐蚀的过程复杂，包括两个过程：一方面，金属材料与水分、酸、碱、气体等发生化学作用，造成了表面的腐蚀；另一方面，由于腐蚀减弱了材料表面的耐磨性，发生机械摩擦加快了材料的磨损。因此，腐蚀磨损是两摩擦表面机械摩擦与化学腐蚀两种机理同时反复交替作用的结果。

腐蚀磨损可分为：氧化磨损、特殊介质腐蚀磨损、气蚀和微动磨损。

氧化磨损：金属在空气中表面生成一层氧化膜，在摩擦过程中表面所生成的氧化膜被磨掉，但又很快地形成新的氧化膜，如此周而复始，这个过程所造成的材料损伤为氧化磨损。氧化磨损是化学氧化和机械磨损两种作用相继进行的过程。

微动磨损（fretting），是指接触面之间发生微小幅度的相对运行，常见于一个振动环境下，如机械振动、气流波动、传动与运输、电磁振动、疲劳荷载等近似紧配合的接触表面。其主要特征是摩擦表面存在大量的磨损产物——磨屑。

磨损形式按机理分类的还有冲击磨损、冲蚀磨损等。

另外，磨损按环境与介质分类方式还有干磨损、湿磨损、流体磨损；按表面接触性质分类有金属-金属磨损、金属-磨料磨损、金属-流体磨损等。

磨损分类如图 3-23～图 3-27 所示。

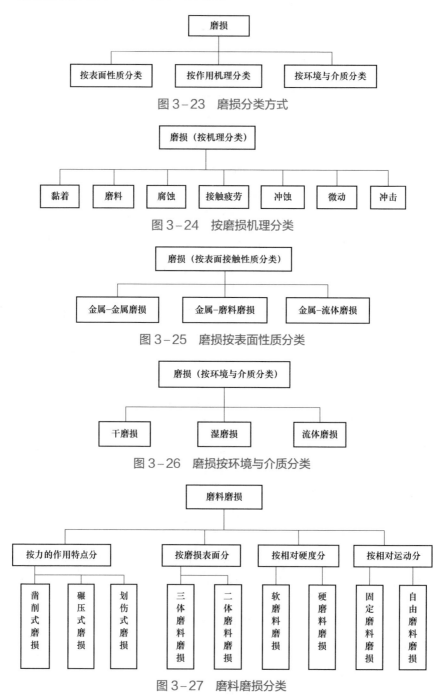

图 3-23 磨损分类方式

图 3-24 按磨损机理分类

图 3-25 磨损按表面性质分类

图 3-26 磨损按环境与介质分类

图 3-27 磨料磨损分类

磨损往往由摩擦产生，摩擦按照运动形式划分为静摩擦（static friction）和动摩擦（kinetic friction）。相互紧压的摩擦在发生相对运动时要克服两种阻力：

（1）微凸体相互咬合。在静态起动时占有较大比例，只有硬物体产生软物体犁沟、槽沟或其他作用时才发生相对运动。

（2）微凸体密切接触，发生黏着产生节点，形成相对运动将节点切断。在运动过程中不断发生扯断。

实际工况下，材料磨损往往不只是一种机理在起作用，大多是几种机理共同存在，如磨料磨损往往伴随黏着磨损，只是在不同条件下，某一种（几种）机理起主要作用。

一般磨损失效过程分为三个阶段，如图 3-28 所示。

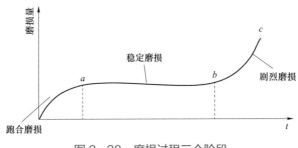

图 3-28　磨损过程三个阶段

1. 初期磨损阶段

在初期由于对偶表面粗糙度比较大，实际接触面较小，接触点数少，接触点黏着严重，因此磨损较大。随着跑合的进行，表面微峰峰顶逐渐磨除，表面粗糙度值降低，实际接触面增大，接触点数增多，磨损率降低，磨损速度变慢，逐渐接近稳定磨损阶段。

2. 稳定磨损阶段

在进入这一阶段，磨损速度缓慢且稳定，经过跑合，摩擦表面加工硬化，微观几何形状改变，实际接触面积增大，压强降低，从而建立了弹性接触的条件，磨损基本稳定下来，磨损率保持基本不变。通常材料、部件寿命的长短就是这段时间。

3. 剧烈磨损阶段

经过较长时间的稳定磨损之后，由于摩擦副对偶表面间的间隙和表面形貌的改变以及表层的疲劳，其磨损率急剧增大，产生一系列负面作用，如异常振动、噪声、摩擦副温度异常升高等，最终导致摩擦副完全失效。

（三）磨损计算模型

1953 年 Archard 提出了一种固体材料磨损的计算公式

$$v = k\frac{Wx}{H} \qquad (3-1)$$

式中　v——材料的体积磨损量；

　　　k——磨损系数；

　　　W——荷载；

　　　x——滑动距离；

　　　H——磨损表面的硬度。

这个磨损公式是基于经典的黏着磨损推导出来的。在磨损时，一般同时存在两个或两个以上的摩擦过程，而且在摩擦过程中，材料的硬度及磨损量也不是一个线性过程，因此，上述公式在实际中存在较大误差。单一磨损机理作用下的磨损计算公式介绍如下。

1. 黏着磨损计算模型

对于荷载为 W 的两个相对滑动的表面，假设材料表面微凸体在摩擦滑动过程中均会产生一定的磨粒，微凸体的平均半径为 a，在荷载 dW 作用下，有关系式

$$dW = \pi a^2 H(T) \qquad (3-2)$$

式中　$H(T)$——微凸体处于完全塑性状态下的平均接触压力，根据 Lee R S，Jou J L2003 年的研究成果，$H(T) = 921.64T^{-0.505}$；

　　　T——磨损表面的温度。

假设互相摩擦的两个微凸体滑动距离为 dx，$dx = 2a$，之后产生破坏，由新的接触点承受荷载，则

$$dv = \frac{1}{3} \cdot \frac{dW \cdot dx}{H(T)} \qquad (3-3)$$

设在磨损过程中产生的磨粒个数是 n 个，当滑动距离为 x 时，则磨损体积为

$$v = \frac{n}{3} \cdot \frac{Wx}{H(T)} \qquad (3-4)$$

由此得出磨损深度可以表示为

$$h = \int_0^t \frac{n}{3} \cdot \frac{PV}{H(T)} dt \qquad (3-5)$$

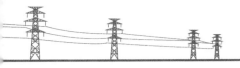

式中　P——接触面上的正压力；

　　　V——两个表面相对滑动速度；

　　　t——滑动时间。

2. 磨粒磨损

在荷载 W 作用下，较硬微凸体沿摩擦表面切削较软物体表面，并留下沟槽、划沟等。微凸体可以看做一锥形，设锥形微凸体表面与另一表面呈 θ 角，嵌入的深度与宽度分别为 h 和 b，如图 3-29 所示。

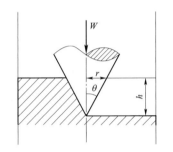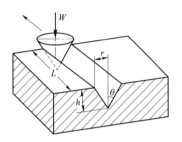

图 3-29　磨粒磨损模型

假设磨粒形状为圆锥体，半角为 θ，锥底直径为 r，载荷为 W，压入深度 h，滑动距离为 L，屈服极限 σ_s。

在垂直方向的投影面积为 πr^2，滑动时只有半个锥面承受载荷，共有 n 个微凸体，则所受法向载荷为

$$W = n\frac{\pi r^2}{2}\sigma_s \tag{3-6}$$

将犁去的体积作为磨损量，其水平方向的投影面积为一个三角形，单位滑动距离的磨损量为

$$Q_0 = nhr \tag{3-7}$$

由 $r = h\tan\theta$，因此，磨损量 $Q_0 = \dfrac{2W}{\pi\sigma_s\tan\theta}$

考虑到微凸体的相互作用产生磨粒的概率 K 和滑动距离 L 以及材料的硬度 H，则接触表面的磨损量为

$$Q = KL\frac{2W}{\pi\sigma_s\tan\theta} = K_s\frac{WL}{H} \tag{3-8}$$

式中　K_s——磨粒磨损系数，是几何因素 $2/\tan\theta$ 和概率常数 K 的乘积，与磨粒硬度、形状和切削作用的磨粒数量有关。

第三节　磨损的影响因素

一、黏着磨损影响因素

1. 相溶性的影响

相同金属或冶金相溶性大的材料摩擦副，相同金属晶格类型、电化学性能相似的金属，易发生黏着磨损。因此，应避免使用同种金属或冶金相溶性大的金属组成摩擦副。

2. 载荷的影响

黏着磨损一般随法向载荷增加到某一临界值后急剧增加，K/H 的比值实际上是材料硬度与许用压力的关系，H 为布氏硬度值。当载荷值超过材料硬度值的 1/3 时，磨损急剧增加，严重时咬死。因此，设计中选择的许用压力必须低于材料硬度值的 1/3。

3. 滑动速度的影响

在压力一定的情况下，黏着磨损随滑动速度的增加而增加，在达到某极大值后，又随滑动速度增加而减小。

随着滑动速度的变化，磨损类型由一种形式转化为另一种形式。当摩擦速度很低时，主要是氧化磨损，出现 Fe_2O_3 的磨屑，磨损量很小。

随着速度的增大，氧化膜破坏，金转化为黏着磨损，磨损量显著增大，如图 3-30 所示。

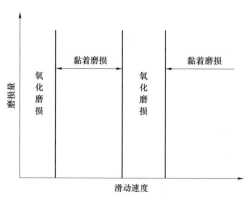

图 3-30　磨损量与滑动速度的关系

如滑动速度再升高，摩擦温度上升，有利于氧化膜形成，又转为氧化磨损，磨屑为 Fe_3O_4 磨损又减小，如速度再增加，磨损量又增加，如图 3-30 所示。

二、影响磨粒磨损的因素

1. 材料硬度

对于纯金属和退火钢，其耐磨性与硬度成正比。淬火回火钢的耐磨性随着硬度的增加而增大，即淬火回火可以提高钢的硬度和耐磨性。因此，金属的耐磨性不仅取决于其硬度，还取决于它的成分和组织结构。相同硬度下，钢中的碳含量及碳化物形成元素含量越高，其耐磨性也越强。

2. 加工硬化的影响

冷作硬化后，表层硬度的提高并没有使耐磨性增加，甚至有下降的趋势。所以在低应力磨损时，冷作硬化不能提高表面的耐磨性。对于高应力磨粒磨损曾用球磨机钢球进行了试验，试验表明，材料在受高应力冲击载荷下，表面会受到加工硬化，加工硬化后的硬度越高，其耐磨抗力也越高。

提高钢材硬度的方法有改善合金成分、热处理或冷作硬化等三种。而材料抗磨粒磨损的能力与硬化方法有关，所以必须根据各种提高硬度的方法来考虑耐磨性与硬度的关系。

3. 相对硬度影响

磨粒磨损取决于磨料硬度 H_0 与试件材料硬度 H 比值。相对硬度与磨损量的关系曲线如图 3–31 所示。

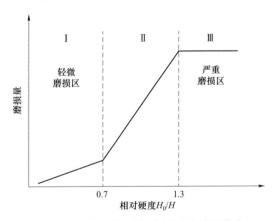

图 3–31　相对硬度与磨损量的关系曲线

当磨料硬度低于试件材料硬度，即 $H_0 \leq 0.7H$，磨损量轻微；当磨料硬度超过试件材料硬度后，即 $0.7H < H_0 < 1.3H$，磨损量随磨料硬度迅速增大，处于过渡磨损阶段；若磨料硬度远高于材料硬度，即 $H_0 \geq 1.3H$，将产生严重磨损，磨损量不再随磨料硬度而变化。

由此可知，为了降低磨粒磨损，材料硬度 H 大约为磨料硬度 H_0 的 1.4 倍，即 $H_0 \approx 0.7H$ 时最佳，不必要求金属硬度太高，因为 H 太高并不能带来耐磨性的明显提高。

4. 磨粒尺寸的影响

一般金属的磨损量随磨料平均尺寸的增大而增加，到某一临界值后，磨损量便保持不变，即磨损与磨料的尺寸无关。各种材料磨料临界尺寸是不相同的，磨料的临界尺寸还与工作零件的结构和精度有关。

5. 载荷的影响

载荷显著地影响各种材料的磨粒磨损。线磨损度与表面压力成正比。当压力达到转折值时，线磨损度随压力的增加变得平缓，这是由于磨粒磨损形式转变的结果。各种材料的转折压力值不同。

三、疲劳磨损的影响因素

1. 非金属夹杂

非金属夹杂物破坏了基体的连续性，严重降低了材料抗疲劳磨损能力，特别是脆性夹杂、硅酸盐和氧化物等，在循环应力作用下与基体材料脱离形成空穴，构成应力集中源，当超过基体的弹性极限时产生塑性变形，易在脆性夹杂物的边缘部分产生微裂纹，降低抗疲劳磨损能力。

2. 表面层状态的影响

通常增加材料硬度可以提高抗疲劳磨损能力，硬度过高，材料脆性增加，反而会降低接触疲劳寿命。图 3-32 为某一材料硬度与寿命的关系曲线。

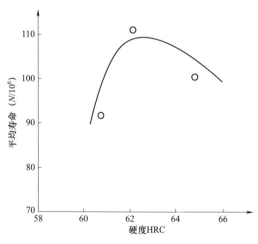

图 3-32　材料硬度与平均寿命的关系曲线

承受接触应力零件，必须有适当的心部硬度。若心部硬度太低，则表面和心部的硬度梯度太陡，使得硬化层的过渡区产生裂纹，容易产生表层压碎现象。

渗碳钢或其他表面硬化钢的硬化层厚度影响抗疲劳磨损能力。硬化层太薄时，疲劳裂纹将出现在硬化层与基体的连接处，容易形成表层剥落。选择硬化层厚度应使疲劳裂纹产生在硬化层内。

硬度匹配直接影响接触疲劳寿命。

第四节　磨损的控制和防护

一、提高固体材料耐磨性

一般而言，硬度越高，耐磨性越好；选用互溶性差的摩擦副可获得低磨损率；温度越高，硬度下降，摩擦加剧，加快磨损。

二、耐磨整体设计

应对零件的重要性、维修难易程度、使用环境特点等预先进行综合观察，重视不易更换的零部件的耐磨性，换言之，牺牲容易更换的零部件的耐磨性，以保护重要零部件或不易更换的零部件。

三、抗磨材料的选择

确定材料在使用方面是否存在限制；确定负荷限制，考察材料能否经受住运行中的载荷而不变形或无过分变形；确定温度范围：温度对于一些滑动系统有强烈影响，温度升高会导致材料软化，咬合加剧，且与摩擦生热有关。确定 PV 极限值：P 为平均接触应力，V 为滑动速度；材料允许的最大载荷和滑动速度通常以 PV 形式给出；确定工件工作循环特性，载荷交变程度会影响磨损；确定容许的磨损失效形式和机械表面的损伤程度，不能仅用材料的磨损率来决定磨损寿命。

四、耐磨表面处理

表面具有良好的机械特性：在机械性能中，最重要的是硬度，大多数情况下，表面硬度越高，耐磨性越好；设法形成具有非金属性质的摩擦面：对钢材渗硫、氮化、热喷涂层加 MoS_2 等，使材料表面形成氮化物、氧化物、硫化物、碳化物以及它们的复合化合物的表面层，表面层可以抑制摩擦过程中摩擦副两个零件之间的粘附，熔附以及由此引起的金属转移现象，从而提高耐磨性。

第五节　金具磨损的预测方法

一、回归方法

在实际生产和科学实验中，由于因变量之间常有交互作用，一元与多元线性回归模型不足以反映实际问题，所以实验指标与实验因素之间的关系往往不宜用一次方程来描述，就需要二次或更高次方程来拟合。在研究磨损率与各影响因素的关系时，依次从低阶到高阶进行分析，直至找到一个显著性很强的回归模型。

通常影响因变量 y 的因素往往不止一个，假设有 $x_1, x_2, \cdots, x_k$，k 个因素，因此，通常可考虑如下的线性关系式

$$y = \beta_0 + \beta_1 x_1 + \beta_2 x_2 + \cdots + \beta_k + \varepsilon$$

针对金具磨损，通常可以考虑载荷、摩擦次数、表面摩擦系数等参数作为影响磨损的参数。

二、神经网络方法

处理较为复杂的问题，或采用常规方法无法解决或效果不好的问题时，神经网络则能够显示出其优越性。尤其是对问题内部的规律不甚了解，不能用精确的数学表达式描述其系统，要求具有容错的任务，神经网络都成为最合适的处理手段。

人工神经网络是在现代神经生物学研究基础上提出的模拟生物过程以反映人脑某些特性的计算结构。它不是人脑神经系统的真实描写，而只是它的某种抽象、简化和模拟。

结构上的特征是处理单元的高度并行性与分布性，这种特征使神经网络在信息处理方面具有信息的分布存储与并行计算、存储与处理一体化的特点。

人工神经元是对生物神经元的一种形式化描述，它对生物神经元的信息处理过程进行抽象，并用数学语言予以描述；对生物神经元的结构和功能进行模拟。神经元的信息处理特性、网络拓扑结构和网络学习方式是决定人工神经网络整体性能的三大要素。人工神经元的结构模型如图 3 – 33 所示。

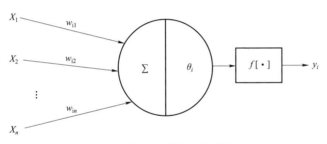

图 3-33　神经元结构模型

　　首先需要对数据进行预处理，除了网络结构及训练参数，样本的数据模式也是影响网络性能的重要因素。不管是何种样本、何种数据模式，在参与模型的训练之前，都必须经过预处理。数据的预处理通常是指归一化处理，是模型训练过程中关键的一步。目前相关研究采用的预处理公式不完全一致，但大都是将样本处理到 $0 \sim 1$ 或者 $-1 \sim 1$ 的空间。经过预处理的数据也必须经过反预处理变换才可得到实际值。本文采用归一法将数据归于 $[0, 1]$，而网络输出值经过相应权值反归一化处理便可得到网络的实际预测值。

　　人工神经网络需要大量的现场金具磨损观测数据以及实验室模拟磨损数据，主要包括磨损次数、载荷、截面损失等。

第六节　疲劳问题的基本理论及计算方法

一、疲劳的定义

　　疲劳是指材料在循环荷载作用下的损伤和破坏，国际标准化组织发表的报告《金属疲劳试验的一般原理》中给疲劳下了一个描述性的定义："金属材料在应力或应变的反复作用下所发生的性能变化称为疲劳；虽然在一般情况下，这个术语特指那些导致开裂或破坏的性能的变化。"这一描述也普遍适用于非金属材料。美国试验与材料协会（ASTM）在"疲劳试验及数据统计分析之有关术语的标准定义"中将疲劳定义为"在某点或某些点承受扰动应力，且在足够多的循环扰动作用之后形成裂纹或完全断裂的材料中所发生的局部的、永久结构变化的发展过程，称为疲劳"。

　　工程构件的疲劳损伤包括几个不同的阶段，缺陷可以在原先没有损伤的部位成核，然后以稳定的方式扩展，直到发生突然断裂。疲劳损伤发展的大致过程为：① 亚结构和显微结构发生变化，从而形成永久性损伤形核；

② 产生微观裂纹；③ 微观裂纹长大和合并，形成"主导"裂纹；④ 主导宏观裂纹的稳定扩展；⑤ 结构失去稳定性或完全破坏。简单来说，疲劳破坏过程一般分为三个阶段：裂纹的起始（萌生）、裂纹的稳定扩展以及最后断裂。

按照作用的循环应力的大小，疲劳可以分为应力疲劳和应变疲劳。若最大循环应力小于屈服应力，则称为应力疲劳；因为作用的循环应力水平较低，寿命循环次数较高（一般大于 10^4 次），故也称为高周疲劳。若最大循环应力大于屈服应力，则由于材料屈服后应变变化较大，应力变化相对较小，用应变作为疲劳控制参量更为恰当，故称为应变疲劳；因为应变疲劳作用的循环应力水平较高，故寿命循环次数较低（一般小于 10^4 次），所以应变疲劳也称为低周疲劳。高耸避雷针结构在风荷载作用下一般发生高周疲劳。所以本项目所研究的都是避雷针结构在风荷载作用下所发生的高周疲劳问题。

在微观层次上，疲劳破坏是一个极其复杂的过程，很难用严格的理论方法来进行描述或模拟。因此，目前的疲劳分析方法都是建立在宏观的层次上。

二、材料的 $S-N$ 曲线

为了对结构的疲劳寿命进行估计，需要建立随机外荷载和疲劳寿命之间的关系，这种反映外荷载产生的应力 S 与疲劳寿命 N 之间关系的曲线被称为 $S-N$ 曲线。

材料 $S-N$ 曲线给出的是在常幅对称应力循环作用下，表明光滑材料萌生裂纹的疲劳寿命。常用 $S-N$ 曲线表达式如下

$$NS^m = C \qquad (3-9)$$

式中 m 和 C——材料疲劳试验的相关参数，可以通过试验来获取其相应的取值。如果对上式的两边同时取对数，则可以得到

$$\lg S = A + B \lg N \qquad (3-10)$$

式中 $A = \lg C / m$，$B = -1 / m$。

式（3-10）是判断疲劳失效的经典模型，它是根据常幅应力作用下的疲劳试验得到的，并且适用于等幅应力下的高周疲劳。该种模型适用于结构自身的平均应力（即应力最大点与最小点和的一半）等于零的情况。但是，在随机荷载作用下结构自身应力的平均值经常不等于零，这时就必须考虑平均应力对疲劳寿命的影响。因此需将应力幅值 S 按 Goodman 换算公式进行处理

$$S_a = S_{a0}\left(1 - \frac{S_m}{S_u}\right) \qquad (3-11)$$

式中 S_a ——平均应力不等于零时的应力幅；

S_{a0} ——平均应力等于零时的应力幅；

S_m ——平均应力；

S_u ——材料的极限强度。

三、疲劳累积损伤理论

当作用在结构上的应力大于疲劳极限 S_f 时，每次应力循环都会对结构本身产生一定的损伤，而这种损伤是随荷载作用的时间而累积，当循环次数达到一定量即损伤累积到其临界值时，结构就会发生破坏，这就是疲劳累积损伤理论。构件在等幅应力 S 作用下若每个循环造成的疲劳损伤为 $1/N$，则经过 n 次应力循环其损伤值为：$D = n / N$。变幅载荷下的累积损伤值为

$$D = \sum_{i=1}^{l} n_i / N_i \qquad (3-12)$$

式中 l ——变幅载荷的应力水平等级；

n_i ——第 i 级载荷的循环次数；

N_i ——第 i 级载荷的疲劳寿命。

根据损伤累积方式的不同，疲劳累计损伤理论主要有以下三种：

（1）线性疲劳累积损伤理论。该理论假设不同应力水平造成的疲劳损伤互不影响且独立发生，但总损伤可以进行线性叠加。其中最为经典的理论是 Pamgren–Miner 理论，简称 Miner 理论。

根据 Miner 理论，疲劳总损伤值等于各独立循环损伤值之和，当累计损伤达到临界值时，构件发生疲劳破坏，其数学表达式为

$$D = \sum_{i=1}^{l} \frac{n_i}{N_i} = 1 \qquad (3-13)$$

Miner 累计损伤理论的特点如下：

1）当构件受到恒幅载荷作用时，材料在每个荷载循环内产生相同的损伤值，当累积损伤到达临界值时，构件发生疲劳破坏。

2）临界值为一种固定情况，不随荷载的变化而发生变化。

3）当构件受到变幅荷载作用时，将幅值不同的载荷划分为了不同等级，材料在各等级下的损伤互相独立，与等级先后顺序无关。

（2）双线性累积损伤理论。该理论假定疲劳破坏在不同阶段采用的是不同的线性疲劳累积损伤理论，其中应用最广泛的是 Manson 的双线性累积损

伤理论。

（3）非线性累积损伤理论。该理论与线性累积损伤理论相反，认为损伤累积在不同应力水平时存在相互干涉的情况，其中应用最广的方法为损伤曲线法和 Corten – Dolan 理论。

疲劳损伤的演化机理十分复杂，虽然已经有多种疲劳累积损伤理论，但是工程实际中使用最为广泛的仍然是 Miner 线性疲劳累积损伤理论，因为其能较好地预测结构的疲劳寿命。

四、雨流计数法原理

由于风荷载随时间不断变化，在进行疲劳分析时，为对结构的疲劳寿命进行准确的计算，需对其应力时程进行循环计数，统计出其幅值和均值的循环次数。雨流计数法结果准确，计数方法简单，在工程实际中得到了广泛的应用。

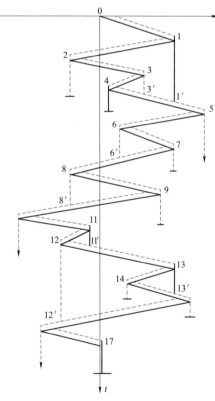

图 3-34 雨流计数法原理图

雨流计数法是由 Matuishi 和 Endo 提出的，Dolwing 经过试验证明了该方法的优越性。Wirsching，Tovo，Lee，Rychlik 等学者对用雨流计数法统计随机荷载疲劳累积损伤问题进行了研究；国内的王之宏、黄健对风向角的分布也进行了考虑，将雨流法用于估算桅杆的风致疲劳寿命。

雨流计数法的计数方式是，将应力 – 时间历程曲线图顺时针旋转 90°，这样时间坐标轴就变成竖直向下，图 3-34 中的应力曲线形似不同高度的屋面，雨水沿着屋面一直往下流，所以将该种计数方法称为雨流计数。其计数原则为雨流从某一峰值点开始流动，当遇到比起点更高的峰值或者当雨流遇到上层滴落下来的来流时停止，此时取出已经得到的循环并记录下每个循环的幅值（一个循环中最大值与最小值差的一半）和均值（一个循环中最大值

与最小值和的一半）。

按照上述规则，图 3-34 中第一滴雨流从 0 点出发，沿第一个谷的内侧向下流去，从 1 点掉落到 1′后流至点 5 处然后落下。第二个雨流从峰 1 点内侧向下流至点 2 然后落下，由于点 1 的峰值低于点 5，因此该点停止流动。第三个雨流从谷点 2 内侧开始向 3 点流动，从 3 点落下到 3′，当该点流到 1′处碰上屋顶流下的雨流后停止流动。后续各点按照该种流动方式继续流动。最终能够得到多个循环，将每个循环的幅值和均值都进行记录。

五、结构疲劳分析方法

疲劳是一个长期的损伤累积过程，结构所处情况不同其疲劳损伤分析方法也有差别。目前疲劳损伤分析的主要分析方法有名义应力法和局部应力应变法。

1. 名义应力法

以名义应力为基本设计参数的抗疲劳设计法称为名义应力法，该方法是以材料的 $S-N$ 曲线为基础条件，使用危险部位的名义应力和应力集中系数，根据疲劳损伤累计理论得出疲劳分析点的疲劳寿命。

2. 局部应力应变法

在较高的循环应力作用下，危险部位应力已超过屈服点，此时若使用名义应力法则其误差偏大，而局部应力应变法可以考虑塑形应变和载荷顺序对疲劳寿命的影响。

第七节　典型金具磨损案例及治理

一、案例一：地线悬挂金具磨损

1. 地线金具磨损调查

在某"三十里风区""百里风区"地段，输电线路金具普遍发生了严重的磨损，通过运维人员登塔检查，发现 6 条线路金具磨损多达 382 处。金具磨损主要特点：① UB 挂板与挂点角钢磨损；② 地线悬垂线夹与铁塔角钢磨损；③ 摇摆角过大，地线与铁塔横担下平面磨损；④ 跳线托架中，引流线与 U 形螺栓磨损；⑤ 防风拉线高压侧均压环磨损悬垂线夹，如图 3-35～图 3-39 所示。

图 3-35　UB 挂板与挂点角钢磨损

图 3-36　地线悬垂线夹与铁塔角钢磨损

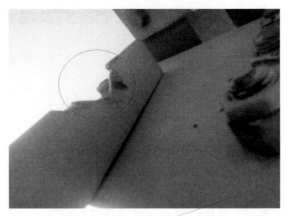

图 3-37　摇摆角过大，地线与铁塔横担下平面磨损

图3-38　引流线固定不牢靠与U形螺栓发生磨损

图3-39　防风拉线高压侧均压环磨损悬垂线夹

造成风区线路金具磨损的主要原因有：

（1）环境因素。线路所处区域常年风力较大，地形地势有利于形成常年主导风向。线路多与风向呈70°～90°夹角。地线金具串在横向大风作用下，不停上扬摆动，造成挂点金具与塔材不断碰撞、摩擦，经过长时间和周期性的作用后，导致金具损坏。

（2）金具不适应强风区使用。金具材料一般采用铸铁和锻压钢，各连接处干摩擦，在大风作用下，金具各连接点受到扭转作用，当能量不能得到及时释放时，便加剧了金具的磨损。

（3）设计原因。架空线张力、年平均运行应力、风偏角、最大风、线路防振水平等都影响地线金具的磨损。线路本体抗风能力相对不足，金具串风偏角偏大，金具串与塔材硬接触、摩擦，能量得不到及时、良好释放，在长时间作用下导致金具、塔材损坏。

（4）金具连接方式。经常发生金具磨损的UB挂板与挂点处背靠背塔材存

在间隙，且间隙十分微小，当金具串受大风作用，产生风偏角时，UB挂板（背风侧小面）与背靠背塔材极易产生碰撞、摩擦，导致金具串风偏产生扭转的能量绝大部分通过金具和塔材接触点的碰撞和摩擦释放，在长时间作用下造成金具及塔材的疲劳损伤。

2. 金具磨损改进措施

（1）UB挂板改造措施。

1）增加垫块。UB挂板磨损是因UB与塔材之间存在间隙造成，UB挂板宽度为45mm，挂点角钢与角钢间距为48～50mm，加工2～3mm厚度的垫块安装在背风侧，减小UB挂板的活动间隙，如图3-40所示。

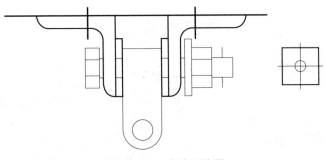

图3-40 改造设计图

2）更换为ZBS挂板。将UB-7挂板更换为ZBS-07/10-80，UB挂板因挂点螺杆下方活动空间过大，受大风后易晃动，ZBS-07/10-80挂板可消除这一间隙，不易晃动，如图3-41所示。

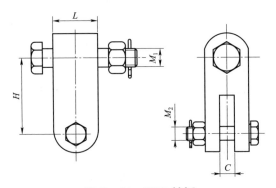

图3-41 ZBS挂板

3）改变UB挂板螺栓穿向。UB挂板螺栓穿向为垂直线路，挂点角钢为顺线路布置，受横向风易发生磨损。将挂点角钢更改为垂直线路方向布置，连接

金具 UB 挂板螺杆调整为顺线路，使 UB 挂板在挂点角钢之间能自由摆动。这一方案需要改动挂点角钢和地线悬垂金具，工作量较大，不易实施。

4）更改挂点型式。将挂点角钢更改为垂直线路方向的耳板结构，螺孔顺线路穿向，第一挂点金具采用 U 形环，如图 3-42 所示。彻底杜绝 UB 挂板碰撞背靠背塔材的情况。优点：一是彻底避免了 UB 挂板与背靠背塔材的碰撞、摩擦。二是原本大风情况下 UB 挂板承受的扭转力，现绝大部分通过对铁塔整体的拉力释放掉，磨损概率大大降低；三是改造费用低，原金具串几乎不用变更，时效快。

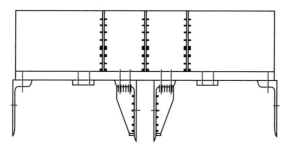

图 3-42　金具更改挂点

（2）防风拉线均压环与悬垂线夹磨损改造措施。

1）取消高压侧均压环。

2）增长高压侧连接金具，使均压环远离导线悬垂线夹，消除两者之间的碰撞摩擦。

（3）悬垂线夹与塔材磨损改造措施。

1）悬垂线夹与垂直平面塔材磨损，多为垂直线路向外伸出的角钢，更换挂点角钢，横线路方向延伸挂点，使挂点远离塔材，距离最少大于悬垂串的长度。

2）地线与横担下平面磨损，将地线挂点下挂，需更换挂点角钢安装下挂件。

（4）地线悬挂金具 U 形环磨损改造措施。

图 3-43 为改造方案，将原有的三角挂板-U 形挂环连接方式改造成三角挂板-ZS-中间 Z 挂板-ZS 挂板形式。

（5）强风区金具磨损防范措施。

1）明确强风活动频繁区域，特别是 33m/s 以上的大风区域及其向外延伸的区域，易形成长时间持续大风，在该风区内易造成金具磨损加剧。建议线路规划设计阶段避开强风区，如果避不开，尽量使常年主导风向顺线路方向，垂直于线路方向最不利于线路防风。

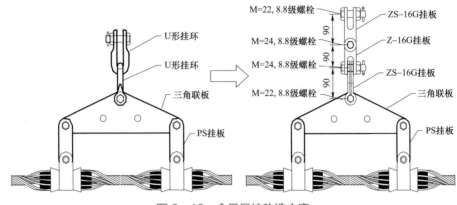

图 3-43 金具悬挂改造方案

2）持续大风区域塔型尽量选择酒杯塔，地线支架成羊角型，猫头塔由于地线挂点与横担塔材距离较近，易造成风偏后，地线悬垂线夹与铁塔角钢磨损或地线与铁塔横担下平面磨损，因此，在强风区域慎用猫头塔。

3）地线挂点应远离垂直平面的塔材，至少应大于地线串串长，避免地线碰触塔材。

4）地线横担较宽的塔型，应将地线挂点下挂，增加地线摇摆角间隙空间。

5）若更换 ZBS 金具易磨损，在新建工程中需更改挂点型式，将挂点螺栓顺线路穿，能在横线路方向自由摆动。

6）改进金具材料。采用耐磨堆焊形成防磨层，减轻前期的磨损，或对金具采取碳氮共渗低温回火热处理，可大幅减少金具的磨损，或对风区线路进行差异化设计，并在关键连接点使用高强度耐磨金具。优点：增加金具强度，大大延长金具的使用寿命。缺点：仅起到延缓损伤时间的作用，未解决风偏扭转力释放问题，长期来看，磨损失效仍不可避免。

7）大风区域慎用防风拉线。因为拉线对金具磨损、杆塔强度均存在不利因素。目前的防风偏措施已较为完善，如耐张跳线通过防风偏绝缘子、加装重锤、绝缘包敷等，直线塔在悬垂线夹两侧加装绝缘护套等措施。

二、案例二：绝缘子掉串

1. 故障情况

2010 年 3 月 29 日凌晨，某 750kV 一线发生了线路跳闸事故，运维人员发现一线 1324、1325 号两基中相 V 串绝缘子一侧脱落，随后运检公司人员继续进行巡视，又发现了一线 1328、1329 号两基塔中相 V 串绝缘子也发生了掉串的故障，如图 3-44 所示。全线事故巡线结束，一线未发现其他故障点。期间运维人员在进行事故巡视时发现二线 2489、2491、2500 号塔中相 V 串绝缘子也发生了掉串事故，二线掉串情况与一线完全一样。

1324 号塔中相 V 串面向大号侧右串绝缘子横担侧球头挂环从绝缘子碗头内脱出，碗头上的 R 销有受压变形痕迹，但未脱落；右串绝缘子和导线一起靠落在铁塔左下曲臂处，由左侧绝缘子悬吊，如图 3-45 所示。同时发现中相左下子导线距离线夹 1.5m（大号侧）处有放电灼伤痕迹，铁塔左下曲臂处塔材上有明显的电弧灼伤痕迹，由此确定 1324 号塔为事故放电点。

图 3-44　1324 号中相右串从横担侧掉串

图 3-45　1324 号中相右串脱落后碗头侧面

95

1325、1328、1329 号中相导线掉线情况一致，均为 V 串右串绝缘子球头自导线侧碗头挂板内脱出，导致导线与绝缘子脱离，如图 3-46 所示。导线侧碗头挂环上 R 销已退出工作位置，但未脱落；右串绝缘子悬吊于右侧曲臂处，左串绝缘子和导线一起靠落在铁塔左侧曲臂处。以上三基中相导线及塔身上未发现放电痕迹，说明这三基塔中相 V 串掉线相继发生在 1324 号塔掉串跳闸之后。

图 3-46　1325 号中相右串脱落后碗头侧面

脱落的绝缘子的球头顶部（与 R 销接触面）均有一定程度的磨损，碗头内部也有与 R 销挤压磨损的痕迹，如图 3-47 所示。

图 3-47　碗头内部与 R 销挤压磨损的痕迹

此次大风天气下共发生掉串（线）事故7基，其中有1基自绝缘子碗头脱出，其余6基均从绝缘子球头部位脱出。

2. 故障分析

7基发生掉串（线）的均是直线塔中相 V 型背风肢绝缘子串，说明背风肢绝缘子串受压状态下导致金具碗头中的 R 销在球头的挤压、摩擦下失去了有效的工作位置，保护失效后导致球头从碗头中脱出，如图 3-48 所示。但图 3-47 可以看出，R 销并未压扁，与碗头的压痕也比较浅。

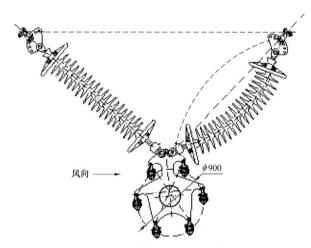

图 3-48　背风肢绝缘子串受压状态示意图

本次大风天气过程中出现掉串的 1324、1325、1328 号及 1329 号塔位于七克台～小草湖区间，该区间 50 年一遇设计风速采用 28m/s。事故地段处在"百里风区"的外缘，本次大风天气过程中附近两个气象站实测的 10min 最大风速分别为 9.2m/s 和 27.3m/s。

本次大风天气过程中也出现掉串的 2489、2491 号和 2500 号塔位于红层～沙尔区间，该区间 50 年一遇设计风速采用 35m/s。事故地段处在"百里风区"东边缘区的红层大风监测站附近，该监测站的 50 年一遇统计最大风速为 30.6m/s，而本次实测的 10min 最大风速已达 33.7m/s，已超过历史资料统计的重现期风速。

3. 改造措施

虽然该工程中相 V 串的连接方式做了一定程度的优化，增加铰接点，采用疏通的方式降低球头对碗头内的 R 形销挤压而造成损坏的可能，如图 3-49、图 3-50 所示。但此次仍然发生了掉串事故，说明仅靠疏通的方法是不够的。有必要对本工程中相直线塔中相 V 串采取一定的防范措施。

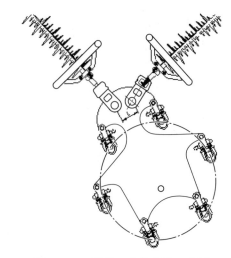

图 3-49　常规工程使用的 V 型串

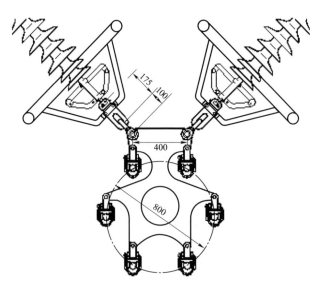

图 3-50　优化后的 V 型串结构

在现有的 V 型复合绝缘子串的碗头外边加装特殊抱箍。当 V 型复合绝缘子串受横向风力后，复合绝缘子球头金具冲击碗头内的 R 型销，R 型销变形后，球头仍有外边的碗头抱箍保护不会脱落。该方式 2005 年投入使用，没有发现加装碗头抱箍的 V 型复合绝缘子串脱落掉串现象。目前，在国内已运行的线路上均采用了该方法。

安装位置和原理：在位于 R 型销所在断面外围加装 1 个抱箍。抱箍内侧焊上舌形销钉和卡键，并伸入碗头开口，用以自身定位，阻断球头脱出的通路和加固 R 型销。抱箍可以有效地防止球头脱出，抱箍结构及使用方法如图 3-51 所示。

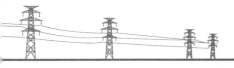

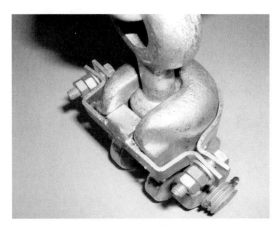

图 3-51　用 L 型插板代替 R 型销

在碗头安装 R 型销的位置安装 L 型插板,插板主体位于碗头底部代替 R 型销为球头定位,插板翘头部位阻断球头脱出的道路,插板采用不锈钢材料,可以有效防止球头脱出。该方式于 2006 年 11 月投入运行,到目前运行情况良好。

4. 方案比较

L 型插板代替 R 型销的锁紧形式,避免了避免 R 型销被挤压变形的问题,封堵了球头从碗头中脱落的通道,但球头在球窝内转动时与 L 型插板有硬性接触,球头受到的较大弯矩难以释放,可能造成球头挤压变形,而在球头断裂之前从外观上难以发现球头弯曲受损情况,球头可能长期带缺陷运行,直至发展成球头疲劳断裂事故,因此 L 型插板不是解决绝缘子 V 型串球头脱落的理想措施。

在碗头外加装抱箍护套的措施,封堵了球头从碗头中脱落的通道,即便是 R 型销被挤压变形,球头也不会脱出,可以作为防绝缘子 V 型串球头脱落的补救措施。

5. 防范措施

(1)对处于大风区段的线路中相绝缘子加装具有封闭锁紧功能的碗头抱箍。

(2)对于加装碗头抱箍的绝缘子应定期检查锁紧状况,防止长期的受力磨损导致碗头抱箍失效。

(3)对于不易发生污闪的大风区段建议使用瓷或玻璃绝缘子,由于瓷或玻璃绝缘子本身在各片绝缘子碗头–球头具有一定活动间隙,不像复合绝缘子那样呈刚性连接,因此,在强风发生时能够大大减轻球头对锁紧销的挤压冲击。

(4)在规划设计阶段,尽量避免使线路走向与常年主导风向垂直。风向与线路走向呈垂直方向,除了会引起 V 型绝缘子球头挤压冲击锁紧销外,还会加剧连接金具磨损等不利因素。

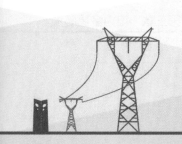

第四章 导线断股断线

第一节 概 述

一、导线振动主要形式

架空线路导地线故障的一个主要形式是导地线疲劳断股,其主要原因是风致导线振动。因此,对风致架空输电线路导线振动机理及其防治方法开展深入的研究,对于预防输电线路疲劳事故,提高线路运行的可靠性,减少因停电而造成的巨大综合损失等具有重要的意义。在高压输电过程中,较多采用的是架空导线。架空导线在运行中,会长期受到日晒、风吹、冰冻环境影响,从而造成导线处在不断的振动中,久而久之,就会造成疲劳断股甚至断裂。架空导线常见的由振动引起的失效形式主要有以下三种:

(1)导线的舞动。舞动是指风对非圆截面导线所产生的空气动力引起的一种低频(约为0.1~3Hz)、大振幅(约为导线直径的5~500倍)的导线自激励振动。舞动多发生在冬季覆冰雪的导线上。导线舞动常常导致电相间的闪络、短路、制成体损坏,甚至断股、断线。因此舞动已成为输电线路尤其是超高压、大跨越线路的重大灾害之一。

(2)导线的次档距振动。随着大容量、远距离输电技术的发展,分裂式导线已普遍被采用。目前,我国330kV线路多采用2分裂导线;500kV线路多采用4分裂导线;750kV线路可能采用6分裂导线。为保证同相各导线间的相对位置,必须在线路上安装各种类型的间隔棒。次档距振动就是间隔棒之间导线的振动。其频率为1~2Hz,振幅为100~500mm,介于微风振动和舞动之间。次档距振动造成分裂导线相互撞击,损伤导线和间隔棒。国外一般采用增大分裂导线间的距离、缩短次档距长度、采用不同的导线排列方式、采用柔性间隔

棒等措施用来防止次档距振动。

（3）导线的微风振动。高压架空导线的微风振动是指当风速为 0.5～10m/s 的均匀微风吹向圆柱形的导、地线时，风对于导、地线的作用除了有一个水平力外，还在导、地线的背风面产生上下交替变化的气流旋涡，即卡门旋涡，从而使导、地线受到一个上下交替的作用力，当这个脉冲力的频率与导、地线的固有自振频率相等时，就会产生谐振，即产生微风振动。导线的这种振动是产生在垂直面内，即导线的振动力是向上或向下垂直于导线方向。其特征表现为：频率高，常见频率范围为 10～120Hz；振幅小，振幅一般不超过导、地线的直径，最大为导、地线直径的 2～3 倍；持续时间长，一般为数小时，在开阔地带和风速均匀稳定的情况下，振动时间将更长。

在风作用下，输电线时刻处于振动状态，根据频率和振幅的不同，大致分为以下三种振动：高频微幅的微风振动、中频中幅的次档距振动和低频大振幅的舞动。这些运动如果不限制在安全范围内，可能会产生：

（1）导地线疲劳断线断股；

（2）连接金具等部件疲劳失效。

以上几种振动都会对输电线造成破坏，由于微风振动发生在风速为 1～7m/s，实质上可以称为一种"每天"的振动，所以说它是危及线路安全运行最为普遍的形式。世界上几乎所有的高压架空送电线路都受到微风振动的影响和威胁。微风振动会使导线在悬挂点处反复拗折，引起材料疲劳，最后导致输电线疲劳断股、断线或使金具、绝缘子、杆塔等构件的损坏。微风振动引起的导线疲劳断股是影响线路安全运行的主要因素之一，一方面，严重的断股会造成断线事故，威胁架空输电线的运行寿命，以至需要更换造价昂贵的导线（其造价一般占线路总造价的 40%以上）；另一方面，微风振动的发生也限制了输电线使用能力的提高，限制着输电线路造价的降低。

二、国内外研究现状

（一）微风振动的研究现状

输电线微风振动的研究有近百年历史。早在 1925 年以前 E.Bate 就发明了贝特阻尼器，Rodolfo Claren，Member，G.Diana 和 IEEE 美国电气电子工程师协会 1969 年发表了针对输电线振动数学分析的文章，成为输电线振动理论研究的经典文献，极大地推动了输电线微风振动的相关研究；1980 年美国电气电子工程师协会颁发了单导线防振锤阻尼测量标准；1983 年，Roughan，J.C 详细研究了输电线微风振动的振幅范围，给出导线微风振动的双振幅不超过导线直径 2~3 倍的结论；1988 年 Feldmann. D 对微风振动中防振锤的非线性进行了深入研究，为以后的防振锤非线性动力学分析奠定了基础；1989 年 Ervik M 和 Berg A 等人发表了涉及微风振动各方面的微风振动报告，该报告为微风振动研究中的经典文献；1991 年 Kraus M，Hagedom P 测试了实际运行线路的风输入能量，通过与风洞试验结果的对比，证实了当时所使用的风能输入曲线，并给出风输入功率受风紊流强度影响严重的结论；1992 年 Denis U Noiseux 从索振动的基本微分方程出发，推导出了适用于 ACSR 型导线的导线微风振动自阻尼理论计算公式；1994 年 Heics R C 通过试验得出微风振动强度受导线张力、风攻角、自阻尼等因素影响较大的结论；1995 年 Brika D 对输电线微风振动中的锁定效应进行了研究；1996 年 Zhou A R 对微风振动防振装置的能量损耗特性进行了试验分析；2000 年 Rawlins C B 研究了大跨越输电线微风振动波形和振幅，认为大跨越效应使大跨越导线跨端的阻尼需求降低；同年，Vecchiarelli，J CurrieI G，Havard D G 对输电线防振锤微风振动情况进行了分析计算；2003 年，Leskinen T 利用输电线室内模拟试验对微风振动导线的使用寿命进行了研究。

我国在微风振动方面的研究工作起步较晚，主要开始于 20 世纪 70 年代。1977 年长江流域规划办公室对硬母线微风振动进行了试验和户外实测研究，研究了消振器的最佳参数和合理结构；1981 年孔祥志研究了导线自阻尼测定的功率法、驻波比法并自创了剪力法；1987 年，郑玉琪发表了中国首部专门研究微风振动的专著，系统地对微风振动进行了研究；1988 年李盛钦探讨了导线振动半波长及防振锤安装距离；1994 年卢明良编制了计算机仿真软件，可对防振锤功率特性进行仿真；1996 年卢明良等人研究了传递矩阵法求解导线–防振锤耦联体系的振动，该方法比较麻烦，不便在工程中直接使用；1996 年李效韩、樊社新、徐乃管对防振锤的动力性能及能量消耗进行了研究；2002 年华北电力大学的王藏柱等在现有能量平衡原理的基础上，采用传递矩阵法对架空输电线微风振动响应进行了计算；2006 年王洪通过对一条运行多年的大跨越导线进行微风振动防振效果时效分析和试验研究，用于指导大跨越微风振动防振措施的设计和维护。

输电线微风振动的计算方法主要使用有能量平衡法。能量平衡法是根据风输入能量和输电线系统消耗能量相等的原则，计算输电线的稳定振幅并求解其振动强度。该方法的关键是确定风输入功率、输电线自阻尼功率和防振锤消耗功率。因为风输入功率、输电线自阻尼功率和防振锤消耗功率的机理比较复杂，通常情况下在经验公式的基础上采用试验拟合的方法来确定。能量平衡法的精度恰恰取决于这三者的精度，所以能量平衡法的精度不高。这一点正是能量平

衡法的主要缺陷，国际大电网会议 1998 年发表的专门文章指出其误差最大可达到 40%。与此同时，防振锤型号的选择、安装位置与数量的确定也都处于半经验半理论阶段。近年来随着计算理论的完善和求解技术的提高，开发更加精确合理的微风振动数值模型成为该领域的趋势。

然而，尽管国内学者取得了许多研究成果，尽管我国大量使用防振锤进行输电线防振，在实际工程中还是出现了因微风振动而引起的导线断股、防振锤锤头脱落、防振锤钢绞线严重弯曲、子导线撞击等现象。比较国内外的研究概况可以看出，国内对输电线－防振锤体系的耦合振动计算研究不够深入，研究成果不利于工程应用，缺少系统有效的输电线微风振动计算机辅助设计程序。随着我国特高压电网的建设，越来越多的线路设计者已意识到急需对输电线的防振措施开展更为深入的研究，在输电线风致振动这方面还有许多工作要做。

不同的动弯应变水平对应着不同的疲劳寿命，国内在实际应用中主要采用传统的输电线微风防振设计——无限寿命设计法。该方法采用单一的动弯应变限值表征是否安全的评价指标，要求输电线的最大动弯应变值小于临界限值。这种方法只能定性分析输电线路安全与否，更不能指导输电线路疲劳寿命的评估工作。1966 年国际大电网会议成立了工作组，专门研究导线抗疲劳能力。1979年，国际大电网第 22 委员会推荐了以线性累积损伤理论为依据的估算输电线寿命的方法。这是一次飞跃，使输电线寿命的评估从无限寿命设计过渡到有限寿命设计。随着抗疲劳设计方法的丰富，输电线寿命评估的试验研究和理论分析广泛开展。总体来说，国外对输电线寿命评估做了大量试验研究，而国内对输电线寿命评估的研究属于刚起步，研究成果还很少。由于实测数据少、试验经费高，很难支持关于微风振动的理论研究。

综上所述，输电线微风振动的研究起步较早，在输电线路的设计、微风振动的防振措施等方面趋于成熟，但是在微风振动计算方法、疲劳寿命评估等方面的研究工作还很欠缺。输电线的研究工作具有实际意义和经济效益，所以需要进一步广泛和深入地开展，以便于科学技术的进步更好地促进工业发展和社会繁荣。

（二）分裂导线的次档距振荡研究现状

次档距振荡是分裂导线的特有振动现象，主要是由于尾流效应造成的。次档距振荡涉及复杂的流固耦合和空气动力学问题，加上子导线和间隔棒之间的相互作用，使得该问题的研究难度比较大。

国外早在 1977 年 C.B.Rawlins 提出用波传播理论和传递矩阵对风致分裂导

线振荡进行了分析。1980 年 C.Hardy 通过一条试验线路的场地实测证明，阻尼间隔棒能把分裂导线微风振动、次档距振荡时的应力控制在理想范围内，但间隔棒的阻尼不是必要的；C.Hardy 和 P.Van Dyke 于 1995 年对大量自然风作用下实尺寸输电线振动测试结果进行了分析，并首次从模态和频率上分析了次档距振荡，得到阻尼间隔棒很有利于控制微风振动，不等距布置时更有利于控制次档距振荡的结论。J.L.LILIEN 和 D.SNEGOVSKI 于 2004 年研究了用模态综合法进行分裂导线次档距振荡求解。

国内的黄经亚 1989 年进行了分裂导线的次档距振荡防护对策研究。程应镗、姚如仁、冯学斌等对间隔棒安装距离的计算方法进行了研究。高选进行了导线 – 间隔棒系统最优化理论研究，且开发了 OCSDS 程序用于超高压输电线路间隔棒安装距离计算设计。陈建华于 1999 年进行了阻尼间隔棒阻尼性能测试技术的研究，并把微机采样及处理技术应用于测试技术中，为阻尼间隔棒的阻尼性能测试提供了新的检测手段。2003 年赵高煜、何锃等针对导线运动的小应变和小转角特点，提出了大跨越分裂导线的一种新型三维有限元模型，它可以直接处理间隔棒上安装了失谐摆的情况。

相对来说，国内对次档距振荡的研究比较浅，理论研究比较少、不够深入，对间隔棒安装距离的优化计算建立在经验基础上，缺乏强有力的理论基础和试验数据。对于特高压输电线路可能用到的六分裂导线（或八分裂导线）尚缺少相关的研究。

第二节　导地线断股断线主要类型

一、输电线路引流线断股断线

某 750kV 线路自投运已运行 5 年，48 号塔发生 3 起引流线磨损断线及多次引流线导线不同程度磨损的缺陷，如图 4−1、图 4−2 所示。

该线路 43 号～64 号为高山、大风区，设计风速为 39～42m/s。这里长年大风不断，4 级以上的风全年超过 300d，特别是在每年的春秋两季，经常出现 8 级以上大风，瞬间风力可达到 12 级且发生较为频繁，该地区金具长期处于疲劳工作。

该引流线形式采取笼式跳线，内、外角边相跳串挂点间距 4557mm，内角边相跳串挂点间距 6000mm，引流线长度 36.8m，软线部分共装 6 套导线间隔棒，在距离鼠笼骨架端头，耐张引流板处约 1m 各装 1 个，跳线档距中央装 1

个，调距线夹型号 TXJ-80。

发现断股引流线主要集中在与导线相连接的小引流 T 形线夹连接处、引流线与安装调距线夹连接的位置。该处引流线在风力的作用下长时间发生不同方向的摆动，造成调距线夹调节螺纹磨平失效，T 形线夹连接处导线散股断股的现象较为频繁。

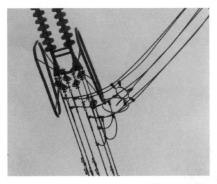

图 4-1　某 750kV 输电线路引流断线　　　　图 4-2　磨损断股的引流线

二、变电导线引流线断股

巡视人员发现某变电站 1 号主变压器 110kV 侧 B 相引流线有断股现象，使用望远镜发现约有 12 根铝线有明显断股，如图 4-3 所示，该变电站地处风区，导线摆动较为频繁，加剧了之前压接所形成的轻微损伤，最外层导线达到其材质疲劳极限，出现断股现象。最外层导线断股后其断股处磨损内层导线，在短时间内导致断股数量急剧增多。

图 4-3　某主变压器引流线线夹处断股

三、线夹处导线磨损断股

7月24、25日，某地区出现大风天气，风力达10～11级，持续时间为从7月24日16时至7月25日7时左右，截至25日17时风力下降至6～7级。运行及检修人员对变电站内出现断股的各设备进行了特巡，发现大风天气后220kV 房台牵二线 HGIS 间隔至 I 母 B 相引流线支柱绝缘子金具卡具处、房台牵二线 HGIS 间隔至 II 母 A 相设备线夹处断股现象恶化严重，同时 220kV II、III 母母联 2252 间隔至 220kV II 母引流线 C 相断股数量增加，如图4-4、图4-5所示。

图4-4　某变电站 B 相绝缘支柱处导线断股

图4-5　某变电站设备线夹出口处导线断股

四、地线断股

220kV 某输电线路登杆检修中发现地线断股情况严重，全线有11个耐张段累计地线断股194处，共计断股289股。主要原因为设计阶段没有考虑线路区域内部分地线微风振动情况严重，所用的防振锤减振效果较差，造成了大面积

地线断股，如图 4-6 所示。

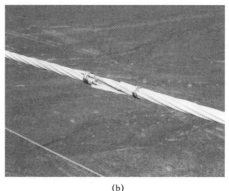

(a)　　　　　　　　　　　　　　　　　(b)

图 4-6　地线断股

（a）防振锤出口处地线断股；（b）地线挡距中部断股

第三节　断股断线机理

一、风致导线运动类型

风致导线运动大致分为两个不同类型的空气动力失稳：微风振动、尾流诱导振动，其中尾流诱导振动包含次档距振荡、舞动和蛇形运动，如图 4-7 所示。

（一）微风振动

高压架空线路导地线微风振动是由于风的激励作用而引起的一种高频率、小振幅的导线运动。这种运动在高压架空线路上普遍存在，也是最频繁发生的，是引起导、地线疲劳断股等事故的主要原因。现在世界上任何地区，几乎所有的高压输电线路都受到微风振动的影响和威胁，在我国微风振动危害线路的事例也很普遍。尤其在大跨越线路，因档距大、悬挂点高和水域开阔以及风向风速、温度等微气象条件的影响，风输给杆塔、导地线的振动能量大大增加，导线振动强度远较非大跨越普通档距严重。

微风振动是约 1～7m/s 的稳定风速吹向输电线时，从导线顶部和底部两侧的涡旋的交替分离产生了交变的压力不平衡，诱导导线在与空气流呈直角的方向上上下移动（见图 4-8）。

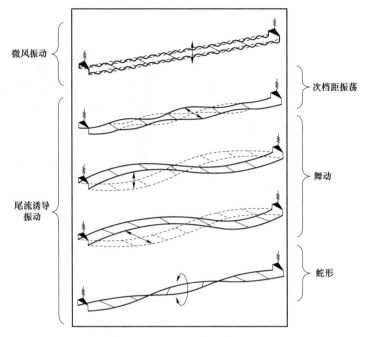

图4-7 风引起的导线运动

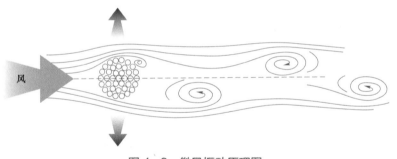

图4-8 微风振动原理图

涡旋分离的频率以及因此造成的导线振动的频率，取决于风速和导线的外径，这从下面的斯特鲁哈尔公式可以得出

$$f_0 = S \frac{v}{d} \qquad (4-1)$$

式中　f_0——频率（Hz）；

　　　S——斯特鲁哈尔数；

　　　v——风速（m/s）；

　　　d——导线直径，m。

当导线以某频率f_0振动以后，气流将受到导线振动的控制，导线背后的旋

涡表现为良好的顺序性，其频率也为 f_0。当风速在一定范围内变化时，导线的振动频率和旋涡频率都维持在 f_0，这种现象导致导线在垂直平面内发生谐振，形成上下有规律的波浪状往复运动，即微风振动（见图 4-9）。输电线微风振动的频率在 4～100Hz，最大峰值－峰值振幅不高于导线直径，振动的持续时间一般达数小时，有时可达数日，微风振动沿输电线分布着下弯曲的振动波形，使输电线产生不同程度的动弯应力，因此会导致导、地线的疲劳断股。

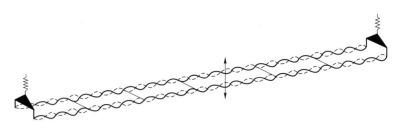

图 4-9 导线微风振动示意图

（二）尾流诱导振动

尾流诱导振动是由导线迎风面部分对背风面部分的屏蔽影响而引起的，包含次档距振荡、舞动和蛇形运动（见图 4-10）。

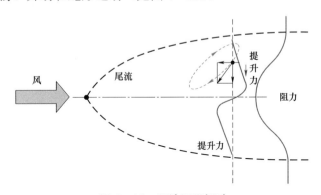

图 4-10 尾流诱导振动

1. 次档距振荡

次档距振荡一般发生在风速 7～18m/s，频率 0.7～2Hz 的范围内，一般是图 4-11 所示的第一种模式，此时 $\lambda=2L$；但是在长的次档距上，也可以激发第二种模式（见图 4-12），此时 $\lambda=L$。

图 4-11 次档距振荡模式一

图 4-12　次档距振荡模式二

2. 舞动

舞动是导线覆冰形成非圆截面后所产生的一种低频、大振幅的自激振动，长时间舞动会造成金具损坏和断线，严重的会发生线路倒塔事故。统计数据表明，在风速为 4～6 级，温度为 -5～1℃时，导线覆冰厚度为 3～20mm、湿度为 95% 左右的气象条件下，产生舞动的概率最大。

当风的角度正好与外层股螺旋角相匹配，在这种情况下，导线的空气动力学状态变得不稳定，因为在导线的上半部分风吹的方向平行于螺旋线，而在下半部分风吹的方向与螺旋线呈 90°，反之亦然（见图 4-13）。

风

图 4-13　舞动原理图

二、导线振动方程

（一）导线振动分析

由于输电线自身的股状特殊结构，振动时各股之间伴随着相互错动与摩擦，真实地描述其动力特性是十分困难的。为了数学建模方便，将输电线按以下基本假设简化带来的振幅计算误差很小。

（1）输电线振动时，其斜率很小，满足 $\partial y / \partial x \approx 0$。

（2）假设输电线满足欧拉-伯努利梁理论。

（3）m, T 和 EI 等参数延输电线长度方向不变。

基于该假设，输电线简化成材料特性不变的细长圆柱体，对该细长圆柱体进行受力分析，则根据达朗贝尔原理，单根输电线横向振动的动力方程可写成以下形式

$$EI\frac{\partial^4 y}{\partial x^4} + m\frac{\partial^2 y}{\partial t^2} + c\frac{\mathrm{d}y}{\mathrm{d}t} - T\frac{\partial^2 y}{\partial x^2} = p(x,t) + \sum_{i=1}^{N}\delta(x-x_i)f_i(t) \qquad (4-2)$$

式中　EI ——输电线自身的抗弯刚度；

　　　x ——延输电线长度方向的空间坐标；

　　　y ——输电线微风振动位移的空间坐标；

　　　t ——时间；

　　　m ——电线单位长度的质量；

　　　c ——输电线自阻尼系数；

　　　T ——输电线平均运行张力；

　　　N ——防振锤的个数；

　　　x_i ——第 i 个防振锤的位置；

　　$f_i(t)$ ——第 i 个防振锤对输电线的作用力；

　　$p(x,t)$ ——单位长度上的微风激励力；

$\delta(x-x_i)$ ——狄利克雷函数。

　　当风速在一定范围内变化时，输电线的振动频率和旋涡的脱落频率都不会发生变化，这种现象称为"自锁性"。由于微风振动的"自锁性"特性和振动的持续性，可以认为输电线微风振动是一种稳态振动。固有频率可以表示为

$$f_i = \frac{i}{2L}\sqrt{\frac{T}{m} + \frac{EI}{m}\left(\frac{i\pi}{L}\right)} \qquad (4-3)$$

式中　L ——档距长度；

　　　i ——振动模态的阶数，其他符号的意义与式（4-2）相同。

　　微风振动最普遍的振动波形是由两个以上不同频率的驻波和行波叠加而成的，拍频波振动幅值随着输电线自阻尼的降低而增大，但是峰–峰值不超过导线直径，否则旋涡脱落的对称性被破坏，无法形成稳定的微风振动，称为微风振动的"自限性"。输电线振动时各股之间存在着相互错动与摩擦，会产生自阻尼。各股相对运动的自由度数越高，阻尼越大。由此观之，输电线张力越大，自阻尼越小。

（二）安装防振锤动力特性分析

　　输电线仅仅靠自身的阻尼无法保证其在微风振动下的安全，需要加装防振锤。当导线振动时，防振锤的夹头也随导线上下移动。由于两个重锤具有较大的惯性，不能和夹头同步移动，致使防振锤的钢绞线两端不断上下弯曲，使股线之间不断摩擦，消耗导线振动传给它的能量。防振锤的消振原理是将振动能量吸收转化为热能或声能而耗散掉，从而增大振动系统的能量消耗，使导线在很小的振幅下就能达到能量平衡。防振锤的能耗大小体现了防振锤对导线振动

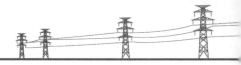

的抑制能力。过低的耗能不足以抑制导线的振动，而防振锤共振时过高的耗能往往伴随着较窄的谐振频带，所以要求防振锤在导线需要保护的频带内都具有良好的减振能力。要使防振锤耗散掉输入到导、地线的风能，除了选择频率特性合适的防振锤外，还要考虑防振锤的数量以及合适的安装位置。

假定防振锤安装后，其夹头对钢绞线是刚性夹固作用，夹头两侧基本上互不影响，因而分析中可以夹固点为界把防振锤划分成两个子系统，每个子系统单独考虑，同时锤头按刚性考虑，即只计其质量与惯量，而不计其弹性；对钢绞线，只计其弹性，不计其惯性，如图 4-14 所示。

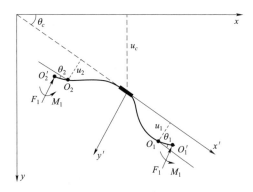

图 4-14　防振锤的受力分析

图 4-14 中，$x-y$ 为固定坐标系，$x'-y'$ 为固结于悬臂未变形的防振锤上的相对坐标系。F_i 和 M_i 是锤头对绞线的力和力偶（$i=1$，2）。设锤头质心的绝对位移为 x，其相对位移为 u，锤头的绝对转角为 ϕ，其相对转角为 θ，则有

$$x_1 = u_c + \theta_c(L_1 - e_1) + u_1$$
$$x_2 = u_c - \theta_c(L_2 - e_2) + u_2$$
$$\varphi_1 = \theta_c + \theta_1 \qquad\qquad (4-4)$$
$$\varphi_2 = -\theta_c + \theta_1$$

式中　x_i ——锤质心的绝对位移；

　　　u_i ——锤质心的相对位移；

　　　φ_i ——锤头的绝对转角；

　　　θ_i ——锤头的相对转角；

　　　u_c ——夹子的位移；

　　　θ_c ——夹子的转角；

　　　L_i ——臂长；

　　　e_i ——质心 o_i 相对于固结点 o_i' 的偏心（$i=1$，2）。

由锤头的动力平衡条件可得到

$$F_i + m_i \ddot{x}_i - m_i e_i \ddot{\varphi}_i = 0$$
$$M_i + J_i \ddot{\varphi}_i - m_i e_i \ddot{x}_i = 0$$

（4－5）

式中，M_i、J_i 分别表示锤头的质量和对质心的转动惯量。转动惯量包括弹性和阻尼两部分，分别记为

$$\begin{Bmatrix} F_i \\ M_i \end{Bmatrix} = \begin{bmatrix} k_{11} & k_{12} \\ k_{21} & k_{22} \end{bmatrix}_i \begin{Bmatrix} u'_i \\ \theta_i \end{Bmatrix} + \begin{bmatrix} c_{11} & c_{12} \\ c_{21} & c_{22} \end{bmatrix}_i \begin{Bmatrix} \dot{u}'_i \\ \dot{\theta}_i \end{Bmatrix}$$

（4－6）

又有 $u'_i = u_i + e_i \theta_i$

对于防振锤线夹有

$$F_1 + F_2 + F_c = m_c \ddot{u}_c$$
$$M_1 + F_1 L_1 - M_2 - F_2 L_2 + M_C = J_C \ddot{\theta}_C$$

（4－7）

可得到防振锤动力特性的控制微分方程

$$\boldsymbol{M}\ddot{x} + \boldsymbol{C}\dot{x} + \boldsymbol{K}x = \boldsymbol{F}$$

（4－8）

式中　$\boldsymbol{M}$、$\boldsymbol{C}$ 和 $\boldsymbol{K}$——子系统的质量矩阵、阻尼矩阵、

刚度矩阵；

x 和 $\boldsymbol{F}$——位移列阵、外力列阵。

（三）防振锤功率特性

防振锤振动时锤头与线夹之间的相对运动会引起钢绞线的变形，这一变形过程产生钢绞线材料内的能量耗散以及线股之间的摩擦耗能，其中，线股摩擦的耗能占主要部分。钢绞线的耗能可通过力所做的功来计算。力所做的功有两部分，即锤头上下平移产生的剪力做的功和锤头转动产生弯矩做的功。

若振动导线传给防振锤夹头的位移为 $u = u_0 \sin(\omega t)$，由式（2－32）即可求出夹头的支反力为 $F = [Z] u$，于是该防振锤的耗能可表示为

$$P = \frac{1}{2} \omega |F| \cdot |u| \cos \alpha$$

（4－9）

根据上述数学模型及计算方法，得出防振锤功率特性计算程序流程如图 4－15 所示。

（四）导线微风振动的频率分析

根据防振器的设计原理，防振器应安装于（或接

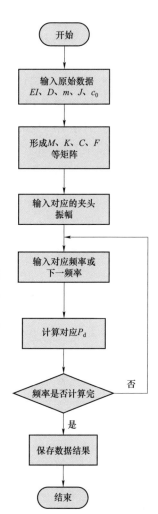

图 4－15　防振锤功率特性
计算程序流程

近于）振动的波腹处，才能最有效地消耗振动能量，达到最好的防振效果。如果安装在波节点处，则防振作用差，当振动频率与防振器的谐振频率相等时则防振器的消耗能量达到最大值。但导线出现的频率（或波长）并不只有一种，而是在某个范围内变动，那么就需要考虑防振器的安装位置，使其对各种波长都能发挥一定的防振效果，综合起来对导线的保护效果为最佳。

当风激振频率 f_w 与架空输电线的某一固有频率 f_c 相等（相近）时，架空输电线就发生微风振动，因此输电线的振动频率是风速的函数，有以下关系式

$$f_c = f_w = S \frac{V}{D} \tag{4-10}$$

根据式（4-10），风速发生变化时，输电线的微风振动频率（波长）也随之发生变化的。而风速是一个随机变量，因此输电线振动频率是随机变量的函数，其出现的概率可由风速的概率分布求出来。实际上，对于整个档距很难说同一时刻的风速是相同的，对档中的任一点也很难说一段时间内风速是不变的。但由于存在所谓的"锁定效应"，即风速的变化不超过±20%时，并不能导致输电线振动频率的变化。因此，输电线振动频率的概率分布有其特殊性。

风速 V 的两参数威布尔概率分布函数如下

$$F(V) = P(v \leqslant V) = 1 - \exp\left[-\left(\frac{V}{c}\right)^k\right] \tag{4-11}$$

其概率密度函数为

$$f(V) = \left(\frac{k}{c}\right)\left(\frac{V}{c}\right)^{k-1} \exp\left[-\left(\frac{V}{c}\right)^k\right] \tag{4-12}$$

式中 c 和 k 分别为威布尔分布的尺度参数和形状参数，通常可根据现场实测风速原始数据求解得到。引起输电线微风振动的风速通常在 $1\sim7\mathrm{m/s}$ 的范围内，对于这段风速各风速值的概率分布可由威布尔分布求出来

$$f(V') = \frac{1}{a}\left(\frac{k}{c}\right)\left(\frac{V'}{c}\right)^{k-1} \exp\left[-\left(\frac{V'}{c}\right)^k\right] \tag{4-13}$$

式中 $a = \int_1^7 f(V)\mathrm{d}V$；$1 \leqslant V' \leqslant 7$。有了微风风速的概率分布可求出输电线振动频率 f_c 的概率分布，则可求得各振动频率出现的概率为

$$P(f_c) = \frac{1}{b}\left(\frac{Dk}{Sc}\right)\left(\frac{Df_c}{Sc}\right)^{k-1} \exp\left[-\left(\frac{Df_c}{Sc}\right)^k\right] \tag{4-14}$$

式中　S ——Strouhal 常数；

　　　D ——输电线外径；

　　　c ——威布尔分布的尺度参数；

　　　k ——威布尔分布的形状参数；

　　　b ——与振动频率范围及振动频率间隔有关的参数，对后面的加权振幅
　　　　　比极大值计算无影响，可假设 $b=1$。

　　一般情况下，当输电线以某一固有频率振动时，可以认为输电线是以与该频率所对应的主模态的形式进行振动。因此，导线的振动位移可表示为

$$Y_i = A \sin\left(2\pi x / \lambda_i\right) \sin 2\pi f_i t \tag{4-15}$$

式中　Y_i ——输电线的任一点离开其原始平衡位置的位移；

　　　A ——输电线振动波腹点的最大振幅；

　　　x ——防振锤安装点距悬垂点的距离；

　　　λ_i ——振动波长；

　　　f_i ——振动频率；

　　　t ——时间。

　　对应某个振动频率为 f_i 或振动波长为 λ_i 的驻波，架空输电线各点的振幅为

$$Y_i = A_i \sin(2\pi x / \lambda_i) \tag{4-16}$$

　　对于不同的 x，$(Y_i / A_i)^2$ 越大，就说明将防振锤安装此位置对这种频率的波的限制作用越大。若对于某个需要防振的频段，考虑这个频段内各个振动频率发生的概率 $P(f_i)$，可定义加权振幅比如下

$$M(x) = \sum P(f_i)\left(\frac{Y_i}{A_i}\right)^2 = \sum P(f_i)\sin^2\left(\frac{2\pi x}{\lambda_i}\right) \tag{4-17}$$

　　基于上述研究分析，防振锤设计参数及安装位置、数量的验证如下：

　　（1）针对各工程，先进行不挂防振锤的输电线微风振动计算，根据动弯应变限值确定需要重点防护的振动频段，要求所选防振锤的有效防护频率覆盖了这个频段。

　　（2）根据该工程场地的风速统计资料，确定风速的概率分布，之后求出重点防护的频段里各振动频率出现的概率。

　　（3）计算该频段的加权振幅比 M，由 M 极大值来确定最佳安装位置。

　　（4）若需多个防振锤则可先确定离线夹最近的防振锤的安装位置，然后对安装了已确定安装位置的防振锤的输电线进行计算，重新确定防护频段、计算

M 值，如此依次计算即可确定其他防振锤的安装位置。

三、次档距振动理论

（一）最大次档距计算理论

在分裂导线中，对间隔棒进行合理布置是控制次档距振荡的重要措施，而进行间隔棒布置的首要问题就是确定间隔棒的最大次档距。

1. 由抗吸附条件计算间隔棒间距

由于风吸引力和电磁吸引力的作用，子导线会接近，当电流增大到某值时，子导线会突然吸附而不能脱离，因此，需限制间隔棒的安装距离，把子导线的接近率控制在一定的值。

假设 n 分裂导线排列成正 n 边形，以在风和电磁吸引力的作用下，分裂导线保持正 n 边形接近。先求出每根子导线受到的电磁吸引力，电磁吸引力 F_m 与子导线电流 I 的平方成正比，与子导线间距 x 成反比，计算公式如下

$$F_m = K_m I^2 / x \qquad (4-18)$$

其中
$$K_m = 2.04 \times 10^{-2}$$

式中　I——每子导线电流，kA。

因为下面两根子导线受到的电磁力使其重力减小，所以会先吸附，所以取下面两根子导线为研究对象。以八分裂导线为例，把电磁吸引力进行分解，这些力以次档距两端为轴，有力矩作用，将下风侧导线视作刚体，求得力矩平衡式

$$\int_0^l y \sin\theta W \mathrm{d}x - \int_0^l y \sin\theta F_{mx} \mathrm{d}x = \int_0^l y \cos\theta F_{mx} \mathrm{d}x + \int_0^l y \cos\theta \Delta P_w \mathrm{d}x$$
$$(4-19)$$

$$F_{mx} = \frac{3}{2} K_2 K_m I^2 / x \qquad F_{my} = \frac{3}{2} K_1 K_m I^2 / x$$

其中
$$K_1 = \frac{7}{6}\sqrt{2}, K_2 = \frac{7}{6}(2 - \sqrt{2})$$

用 $d = Wl^2 / 8T$ 的关系，求间隔棒的安装距离 l，可得

$$l = 2\sqrt{\frac{ayT}{W}} \sqrt[4]{1 + \left(\frac{\dfrac{2W}{3K_m I^2 A} - K_1}{K_2 + \dfrac{\sqrt{a}K_w V^2 B}{3K_m I^2 A}}\right)^2} \qquad (4-20)$$

2. 由子导线振幅限制验算间隔棒间距

次档距档中子导线的振幅一般要求小于 1/2 的子导线间距，以避免子导线振荡时发生碰撞。在尾流区的子导线，次档距振荡的输入能量和衰减能量达到平衡时，就成为稳定振荡。由尾流中子导线的作用外力，可以推出间隔棒间距与次档距振幅之间近似计算公式

$$2X_0' = \frac{0.0248 l_c V / \sqrt{a/D}}{T\left[2.56E/(Dl_c V) + \sqrt{(1-0.972/\sqrt{a/D})/TW}\right]} \quad (4-21)$$

可见，次档距振幅是风速 V、间隔棒间距 l、导线张力 T、导线重量 W 及子导线间距 a 和子导线外径 D 的函数。导线覆冰后，其导线张力和导线单位长度质量就会有较大的变化，因此需进行不考虑覆冰和考虑覆冰两种工况的次档距振幅核算。为防止次档距振荡时引起的间隔棒动力疲劳破坏问题，须由间隔棒变动荷重对次档距振幅进行限值。

（二）间隔棒的合理布置

阻尼间隔棒作为分裂导线主要的振动阻尼元件，间隔棒应放置在接近振动的波峰而远离波节点的地方，以产生较大的振动能量耗散，充分发挥其振动阻尼作用。导线受风激振动后，若遇到阻尼作用其振幅会逐渐衰减。用振幅对数衰减率 δ 来表示阻尼作用

$$\delta = \frac{1}{n}\ln\frac{A_0}{A_n} \quad (4-22)$$

式中　A_0——振动的初始峰峰值 A_n 第 n 个周期的峰峰值。

如图 4-16 所示，$\overline{S}_1 = S_1, \overline{S}_2 = S_2 - X_1, \sim \overline{S}_i = S_i - X_{i-1}$，$\overline{S}_i$ 为振动节点到一侧间隔棒之间的距离；X_i 为振动节点到另外一侧间隔棒的距离；S_i 为各次档距的长度。

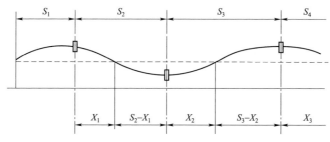

图 4-16　导线-间隔棒系统振动模型

当 $\delta \geqslant 0.1$，导线振动系统具有较好的阻尼效果，而当 $X_i / S_{i+1} \leqslant 0.65$，$\delta \geqslant 0.1$ 时，此时间隔棒的阻尼特性是最佳的。通过大量的试验研究，得出分裂导线自由振动对数衰减率和次档距布置的关系曲线，得到 $\overline{S_i} / S_{i+1}$ 与 X_i / S_{i+1} 之间的确定关系，从而可以将衡量振动阻尼水平的振幅对数衰减率 δ 转换成档距中位置的函数 $\overline{S_i} / S_{i+1}$ 来表示，如图 4–17 所示。

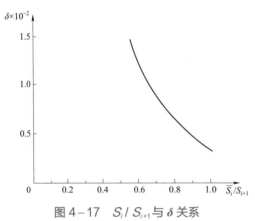

图 4–17　S_i / S_{i+1} 与 δ 关系

综上可以得出间隔棒的合理布置方法：

（1）计算平均次档距。

（2）根据平均次档距确定某一档距内需要阻尼间隔棒的个数 N。在线路设计中，一般按照规定的最大平均次档距数值来计算间隔棒的数量。设相邻杆塔间的档距为 L，最大平均次档距为 $S_{\max}$，间隔棒的数量为 N，则 $N = L / S_{\max}$，向上进位取整数。

（3）令两端的端部次档距与邻次档距的比值 S_1/S_2 为 0.55～0.65，以保证档距端部有最大的阻尼效率，并保护了悬垂金具。

（4）对其他次档距简化方法进行初步布置，即

当 $N=2$，$0.55S + S + 0.45S$

当 $N=3$，$0.55S + 0.9S + 1.1S + 0.45S$

当 $N>3$ 为双数，$0.55S + 0.9S + 1.1S + 0.9S + 1.1S + S + 0.45S$

当 $N>3$ 为单数，$0.55S + 0.9S + 1.1S + 0.9S + 1.1S + 0.45S$

（5）在保证档距两端保持最大效率的条件下，调整其他次档距长度，直到满足下列三个条件为止：① δ 都不小于 0.1，即 $0.55 \leqslant \overline{S_i} / S_{i+1} \leqslant 0.65$；② 除端部次档距外，每个次档距振荡模式的 δ 值差不多相等，即相邻档距之差 ΔS_i 满足 $3 \leqslant \Delta S_i \leqslant 10$；③ 除端部次档距外，各个次档距振荡模式的 δ 的平均值最大，即 $\overline{d} = \sum (\overline{S_i} / S_{i+1})$ 最小。

（6）对次档距优化结果进行检查，确保次档距不能布置成对于档距中央对称；次档距长度交替增大和减小，并由两端向中间逐步增大，其最大值在档距中间，否则返回第 5 步重新计算。

第四节　输电导地线疲劳寿命评估

一、输电线的应力水平

输电线的应力组成分为两部分：平均应力，指在静平衡状态下输电线内部的初始应力水平；动态应力，特指由微风振动引起的输电线变形带来的应力水平。根据输电线力学模型的假设，得

$$\begin{cases} y = \dfrac{4L_H x}{L^2}(L-x) \\[2mm] \dfrac{\mathrm{d}s^0}{\mathrm{d}x} = \dfrac{T}{H} = \dfrac{\tau}{h} \end{cases} \qquad (4-23)$$

式中　T——输电线初始张力；

　　　τ——动态张力；

　　　H——初始弦向张力；

　　　h——弦向动态张力。

根据微风振动方程，得初始弦向张力和弦向动态张力的表达式

$$\begin{cases} h = \dfrac{EA}{L_s}\displaystyle\int_0^L \left\{ \dfrac{\partial y}{\partial x}\dfrac{\partial u}{\partial x} + \dfrac{1}{2}\left(\dfrac{\partial u}{\partial x}\right) \right\}\mathrm{d}x \\[3mm] H = \dfrac{mgL^2}{8L_H} \end{cases} \qquad (4-24)$$

根据弧长公式得

$$\frac{\mathrm{d}s^0}{\mathrm{d}x} = \sqrt{1 + \left(\frac{\mathrm{d}y}{\mathrm{d}x}\right)^2} \qquad (4-25)$$

解输电线初始张力

$$T = \frac{mg\sqrt{64L_H^2 x^2 - 64L_H^2 Lx + L^4 + 16L^2 L_H^2}}{8L_H} \qquad (4-26)$$

设输电线平均应力为 σ_0，动态应力为 σ_d，则

$$\begin{cases} \sigma_0 = T/A \\ \sigma_d = \tau/A \end{cases} \qquad (4-27)$$

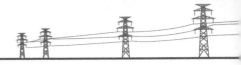

式中　A——输电线面积。

综上所述，输电线的平均应力 σ_0 可以表示为

$$\sigma_0 = \frac{mg\sqrt{64L_H^2 x^2 - 64L_H^2 Lx + L^4 + 16L^2 L_H^2}}{8L_H A} \qquad (4-28)$$

通过观察平均应力 σ_0 的表达式，可以得出结论：平均应力 σ_0 随着单位长度输电线质量 m 的增加而增加，随着输电线直径 D 的增加而减小。

通过弦向动态张力 h 的计算公式，根据输电线位移表达式求解，h 的表达式为

$$h = \frac{EA}{3L^2}\left[2\pi^2 q^2(t) + 8\sqrt{6}L_H q(t)\right] \qquad (4-29)$$

根据式（4-26），求解输电线动态张力 τ 的表达式

$$\tau = \frac{EA}{3L^4}\sqrt{L^4 + 16L_H^2(L-2x)^2}[2\pi^2 q^2(t) + 8\sqrt{6}L_H q(t)] \qquad (4-30)$$

根据式（4-30），求解微风振动的动态应力 σ_d 表达式

$$\sigma_d = \frac{E}{3L^4}\sqrt{L^4 + 16L_H^2(L-2x)^2}[2\pi^2 q^2(t) + 8\sqrt{6}L_H q(t)] \qquad (4-31)$$

根据微风振动的动态应力 σ_d 表达式（4-31），其动态应力幅值 σ_a 可以定义为

$$\sigma_a = \frac{8\sqrt{6}L_H E}{3L^4}\sqrt{L^4 + 16L_H^2(L-2x)^2} \qquad (4-32)$$

分析输电线动态应力幅值 σ 的表达式（4-32），得出结论：输电线动态应力的幅值 σ_a 随着弹性模量 E 的增大而增大，在整条输电线中，动态应力的幅值 σ_a 随着位置的改变而改变。当 $x = L/2$ 时，即档距中点动态应力幅值 σ_a 最小；当 $x = 0$ 或 $x = L$ 时，即档距端点动态应力幅值 σ_a 最大。

输电线动态应力的幅值 σ_a 随着档距 L 的增加而减小，随着悬垂 L_H 的增加而增大，设弦垂比 $\gamma = L_H / L$，可以得出微风振动引起的动态应力的幅值 σ_a 随着弦垂比 γ 的增大而增大，某种程度上可以认为动态应力的幅值 σ_a 与弦垂比 γ 成正比。

在输电线系统中，弦垂比越大，动态应力幅值越大，而平均应力却越小；弦垂比越小，动态应力幅值越小，而平均应力却越大。当输电线发生微风振动时，动态应力比平均应力大很多，也就是说主要是动态应力起作用。

二、输电线疲劳寿命评估

结合导线振动的应力分析，可知输电线是在变幅循环载荷作用下，产生的疲劳损伤不断累积造成破坏的。

输电线的寿命评估参考国际大电网会议 22 届委员会 04 工作组推荐的输电线寿命估算方法，该方法以 Miner 线性累积损伤理论和 Wohler 安全边界曲线为基础，评估输电线疲劳寿命，计算流程如图 4-18 所示。

图 4-18　输电线疲劳寿命评估流程

输电线的应力属于非对称循环，需要考虑平均应力的影响，有许多计算公式，如 Gerber 抛物线、Goodman 直线、Soderberg 直线等。目前有限寿命设计中常用 Goodman 直线。定义等效交变应力幅值为 σ_{eq}，则

$$\sigma_{eq} = \frac{\sigma_a \sigma_b}{\sigma_b - \sigma_0} \tag{4-33}$$

式中　σ_b——输电线强度极限；

　　　σ_a——微风振动的动态应力幅值；

　　　σ_0——微风振动的平均应力。

通过对输电线的平均应力 σ_0 和动态应力幅 σ_a 的分析，得到发生主共振情况下的应力情况，分别代入式（4-33）计算，得输电线等效交变应力幅值 σ_{eq}。

在 $S-N$ 曲线上的每一点表示在某一交变应力作用下材料的最大循环次数。Wohler 提出的输电线安全曲线是被普遍认可的输电线 $S-N$ 曲线，如图 4-19 所示。

对铝绞线 Wohler 安全曲线的表达式为

$$\begin{cases} \sigma = 450N^{-0.20} & (N < 2 \times 10^7) \\ \sigma = 263N^{-0.17} & (N > 2 \times 10^7) \end{cases} \tag{4-34}$$

对铝单丝 Wohler 安全曲线的表达式为

$$\begin{cases} \sigma = 730N^{-0.17} & (N < 2 \times 10^7) \\ \sigma = 430N^{-0.20} & (N > 2 \times 10^7) \end{cases} \tag{4-35}$$

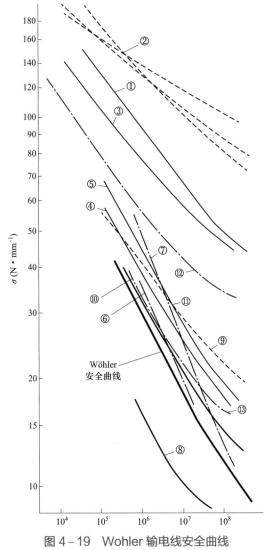

图4-19 Wohler 输电线安全曲线

①、③—铝单丝；②—铝合金单丝；④、⑫—铝绞线；⑤、⑨、⑩、⑪—钢芯铝绞线；

⑥、⑦、⑧、⑬—铝合金绞线

对于铝绞线，根据输电线等效交变应力幅值 σ_{eq}，代入铝绞线 Wohler 安全曲线的表达式（4-34），求解微风振动发生破坏时的寿命

$$N = 9.77 \times 10^6 \qquad (4-36)$$

材料承受循环应力时，各应力所产生的损伤是相互独立的，每一循环都会使材料产生一定的损伤，而这种损伤是累积的，当损伤累积到临界值时，发生破坏。Miner 线性累积损伤理论认为：

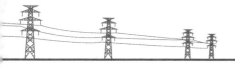

（1）损伤比正比于循环比。若用 D 表示损伤，用 n/N 表示循环比，则 $D \propto \dfrac{n}{N}$。其中，n 表示循环数，N 表示发生破坏时的寿命。

（2）输电线吸收的能量达到极限值，导致疲劳破坏。

（3）疲劳损伤可以分别计算，然后再线性叠加，则可得出

$$D = \sum_{i=1}^{r} \frac{n_i}{N_i} \tag{4-37}$$

式中　n_i——某应力水平下的循环数；

　　　N_i——该应力水平下发生破坏时的寿命。

根据式（4-36）和式（4-37），得到输电线微风振动的每年累计损伤为

$$D_{\text{year}} = \frac{n}{N} \tag{4-38}$$

当损伤 $D=1$ 时，认为输电线疲劳破坏。如果输电线的使用寿命用 $Life$ 表示，则

$$Life = \frac{1}{D_{\text{year}}} \tag{4-39}$$

第五节　影响电线振动的主要因素及预防措施

一、风速、风向的影响

风作用于导线上，输入一定的动能，使其发生振动。风速较小时，输入的能量不足以克服导线系统的阻力，因此，引起架空导地线振动的风速有一个下限值，当风速较大时，其不均匀增加到一定程度，由于卡门漩涡的稳定性受到破坏，致使架空线的振动减弱甚至停止，因此，架空线振动风速有一个上限值，大跨越和高塔可适当提高。如某 220kV 线路在某风区某基杆塔附近发生断股 40 余处，而其两侧的高杆塔发生断股 260 余处。

二、地形地貌的影响

风速的均匀性与方向的稳定性，是架空导线持续振动的必要条件。当线路通过开阔的平原地区时，其地面粗糙度较小，对空气的扰乱作用小，气流的均匀性和方向性不容易受到破坏，容易使架空线持续稳定振动。若地形起伏较大，

地貌错综复杂，地面粗糙度加大，破坏了气流的均匀性和方向性的稳定，因而，架空线不易振动，而且振动强度降低。因此，应加强在平原、戈壁等开阔地带的导地线振动的观测和防护。

三、架空线结构与材料的影响

（一）导线截面

当导线是一个圆形截面的柱体时，气流在其背面形成上下交替的卡门漩涡，引起振动。若导线的表面采用三股线制成的绞线，这种结构破坏了卡门漩涡的稳定频率，其振动较为轻微，但此种绞线不适用于实际工程。而光滑型的导线，其直径与截面的比值较小，虽能减小风荷载和减少覆冰及舞动，但微风振动的幅值及延续时间则变得严重。

（二）导线股丝、股数和直径的影响

导线的股数多和层数多的，有较高的自阻尼作用，能消耗更多的能量，使之不易振动或降低振动强度，因此，选用多股多层的架空线有利于防振。另一方面，在同样截面下，股数越多，股丝直径必然越小，对于同一容许振动应力值，小股数直径可以容许较大的弯曲幅值。

一般认为，在相同振幅下，直径小的，风能输入的相对功率要大些。统计资料表明，架空线的直径越小，疲劳断股的比例越高。因此，架空线的直径越小，越需要防振。

（三）导线材料的影响

通常，导线材料的疲劳极限并不按其破坏强度的增大成比例增大，二者的比例反而随破坏强度的提高而下降，如高强度钢丝，其疲劳极限约为其破坏强度的28%，而特高强钢丝的比例为24%。因而，在工程中用相同的平均运行安全系数，从振动看并不具有同等的安全性。

风能输入给导线的振动能量随着导线的直径增大而加大。振动频率又随直径的增加而变低，而低频范围的导线自阻尼又减小。这两种因素使得大直径的导线振动严重，给振动带来困难。为此，可用分裂导线来减振。大直径导线若股层及股数增多，其自阻尼作用会增加。如果是扩径或空心导线，截面与质量比较小，则易于振动，同时，增加导线刚度有利于降低动弯应力。

如果导线所用材料重量较轻，其振动越严重。这是由于在风速相同情况下，输入两个直径相同的圆柱体能量相同，那么，质量小的获得的上扬力较大，振幅也大。

（四）档距与悬挂高度的影响

风输给架空线的能量与档距成正比，即档距越大，风能输入能量越大。同时档距增大，架空线悬挂高度随之增高，振动风速范围上限也相应提高，由于这些原因，架空线振动几率、频率及持续时间都会因档距增大而增大。

（五）导线悬挂方式的影响

导线通过绝缘子串与杆塔相连，这些部件的阻尼对架空线振动也有较大的影响。架空线振动时，绝缘子各个元件间产生相对位移和摩擦，横担产生变形，消耗掉一部分能量，减轻了振动的能量。根据运行经验，酒杯塔的边横担和中横担相比，前者的架空线振动强度小，断股数少。

四、导线张力的影响

导线张力与振动频率的关系如下

$$f_n = \frac{n}{2l}\sqrt{\frac{T}{m}} \qquad\qquad (4-40)$$

式中　f_n——振动频率；

　　　l——档距，m；

　　　T——张力，N；

　　　m——电线单位质量；

　　　n——不同阶的固有频率，$n = 2l/\lambda$，λ 分别为最长波长和最短波长时对应的固有频率下的 n 的下限值和上限值。

从以上可以看出，张力越大，频率也就越高，电线质量越轻，单位时间振动次数增多，则其疲劳寿命缩短。

五、电线疲劳及其影响因素

对于导地线材料的疲劳极限可以用振动弯曲应力与振动次数的关系来表示，当该曲线趋于平稳时即为疲劳极限应力。对于导地线寿命 40 年考虑，风振次数约在 $10 \sim 100 \times 10^6$。

材料的疲劳极限与静态应力的大小有关，电线在带有静态应力的条件下产生振动，此时的疲劳极限将会降低，特别对于铝股，其数值可根据古德曼曲线查取，如图 4-9 所示。

疲劳极限计算公式如下

$$\sigma_{am} = \sigma_a \left(1 - \frac{\sigma_m}{\sigma_{ta}} \right) \qquad (4-41)$$

式中　σ_{ta}、σ_a——铝股材料的破坏强度及其疲劳强度；

　　　σ_m、σ_{am}——铝股承受静拉平均应力及该应力下的疲劳强度。

铝单股无静拉张力下疲劳极限 σ_a 约为 57~62N/mm²，高的可达 70N/mm²，相当于振动 10^8 次，当钢芯铝绞线承受的平均运行应力为破坏应力的 25%时，可推算出铝线承受的平均运行应力约为 $30\%\sigma_{ts}$，可得铝股在静拉力下的疲劳极限为 39.9N/mm²，为无静力下的 70%。如果考虑铝股绞合成导线后，其疲劳极限还要降低，约为前者的 50%~80%，导线在悬垂线夹中，其线夹船体曲率使导线产生弯曲附加应力及在防振锤、间隔棒等线夹处又产生径向挤压造成压痕及受力不均匀等因素，这些夹具处的导线疲劳极限又会有不同程度下降。

作为钢绞线，使用应力与拉断力的比值较导线为小，故一般认为平均静拉力对疲劳极限影响较小。

六、电线振动危害判据

（一）振动角

架空电线振动波在整个档距呈驻波形式，且在某一振型下波峰（波腹）和节点位置不变，架空线离开平衡位置的位移大小，在档距和时间上都可近似为按规律变化。节点的角度位移称为振动角，可用节点处的振动波斜率表示。由于线夹出口处动弯应力最大，因此振动强度可以线夹出口处的振动角大小来衡量。

国际上规定距线夹出口处 89mm 处的振幅 A_{89} 作为测量标准，振动角以下式进行简略计算

$$\alpha_m \approx \arctan \frac{A_{89}}{89} \qquad (4-42)$$

振动角的许用值：平均运行应力小于等于抗拉强度的 25%时，不大于 0.166 7°；当平均运行应力大于抗拉强度 25%时，不大于 0.083°。

（二）动弯应变

动弯应变与动弯应力成正比，因而动弯应变比振动角更能反映架空线弯曲应力的大小。当认为相对振幅 A_{89} 与振动频率、波长、张力、档距和线夹转动无关时，A_{89} 与动弯应变之间为线性关系。

在小振幅条件下，监测点动弯应变与 89mm 处弯曲振幅之间的关系，以下列公式表示

$$\varepsilon_b = \frac{p^2 \times d \times Y_b}{2 \times (e^{-pa} - 1 + pa)} \qquad (4-43)$$

其中
$$p^2 = T / EI_{min}$$
$$a = 0.089\text{m}$$

式中　ε_b——线夹出口处的动弯应变，$\mu\varepsilon$；

　　　d——导地线最外层单丝直径，mm；

　　　Y_b——线夹出口 89mm 处的弯曲振幅，mm；

　　　T——试验期间电线平均运行张力，N；

EI_{min}——电线最小刚度，N·m²。

以上式计算，并按如下方法处理数据：

（1）按不同振动频率计算其振动周期的总和，得出振动周期数与振动频率的关系曲线。

（2）按不同振幅计算其振动周期数的总和，得出振动周期数与振幅的关系曲线。

从表 4-1 看出，苏联主要以电线振动角为依据判断电线振动危害程度，而中国与日本、美国、欧洲国家主要以电线振幅为依据，中国的判断依据与意大利比较接近。相比较美国的规范较为简单，加拿大则划分了不同导线直径的判断标准，但是对于大跨越则未做进一步要求。

表 4-1　　　　　　　　　　各国对电线振动危害的判据

档距	国家\线型	意大利	加拿大	美国	日本	中国	苏联
普通档	铝绞线	±150με	$D>17.8$mm，±150με；$D<17.8$mm，±75με	±100με	±100με	±150με	EDSS=0.2-0.25 振动角不大于 10′；EDSS > 0.25 振动角不大于 5′
	钢芯铝绞线						
	铝合金绞线	±150με	—		高张力铝合金：±120με；一号铝合金线：±150με	±150με	
	钢芯铝合金绞线						
	钢绞线	±300με	$A_{89}<0.381$mm	—	±400με	±300με	
大跨越	铝绞线	±75με				±100με	
	钢芯铝绞线						
	钢绞线	±150με				±150με	

七、预防措施

（一）设计与选型

1. 路径选择

选择路径方案时应注意避免线路方向与风向夹角。风向与电线夹角 45°～90° 时，电线容易振动；当在 30°～45° 时，振动较为稳定；在 30° 以下时，一般不发生振动。建议在绘制电网风区分布图时加上矢量图，用于指导输电线路防风设计。

平坦开阔地区气流稳定，微风振动较严重，应加强相应的运维防振措施。

2. 导线选择

相同截面应采用较多股数的电线，或采用分裂数较多的导线；相同股数或分裂数时，应采用较大截面的电线。

3. 杆塔选择

在微风振动较严重地区应缩小档距，避免使用高杆塔。档距越大，风能越强，导地线的振动频率越大；使用高杆塔，顶部风速较大，导线振动频率和持续时间都增加。

4. 减小导线运行应力

从前面的分析可知，导线断股的一个原因是压接处导线应力过大造成导线容易在振动下发生位移，避免运行时张力过大。张力越大，振动频率越高，对电线长期运行不利。可以改变导线的布置方式来减小导线振动时线夹处的应力，例如改变导线线夹处的弧度或其他措施改变导线线夹处的应力情况。

5. 防振锤选择

FR 型防振锤锤头似开口音叉，有 4 个频率。其防振频率宽度大于 FD、FG 型防振锤，其特点是在固定线夹两侧的钢绞线长度不等，两侧锤头质量也不同。

预绞式防振锤由具有一定重量的大小锤头，具有较高的弹性高强度的镀锌钢绞线、高强度铝合金线夹及铝合金预绞丝组成，有增加电线刚度的作用，对减小线夹出口处的振动幅值和应力有显著作用，且防振频率带较宽，对抑制电线振动效果明显。

当架空线振幅小，对架空线没有危险时，不需要安装防振锤。档距增大和年平均运行张力较大时，振动较为严重，需要采取防振措施，一般是在档距的两端各安装一个防振锤。对于 300m 以上的较大档距，一端一个防振锤不足以

满足防振需要时，需要安装多个防振锤。对于单导线防振锤根据档距 L 的安装数量见表 4-2。

表 4-2　　　　　　　　防振锤根据导线直径、档距选择的数量

导线直径 ＼ 个数	1	2	3
$d<12$	$L\leqslant300$	$300<L\leqslant600$	$600<L\leqslant900$
$12\leqslant d\leqslant22$	$L\leqslant350$	$350<L\leqslant700$	$700<L\leqslant1000$
$22<d<37.1$	$L\leqslant450$	$450<L\leqslant800$	$800<L\leqslant1200$

对于防振锤安装个数存在不同观点。一种观点认为，防振锤安装距离与档距长度成正比；另一种观点认为，简单地增加防振锤数量并不能起到相应的减振作用，档距一端安装的数量不应超过 2 个，且频率特性应不同。

（二）多种防振措施结合

一般导地线风振频率在 10～130Hz，一般的防振锤难以达到 80Hz 以上，即便是防振效果较好的预绞式防振锤也难以达到 100Hz 以上。因此，应采用多种防振措施相结合，阻尼线在高频时拥有较好的防振性能，因此，通过防振锤加阻尼线等方式用于风振严重地区以防止导地线断股断线。

阻尼线是一种结构简单但是作用机理复杂的分布型消振器。架空线振动时，固定在架空线上的阻尼线持续振动，架空线与阻尼线本身线股之间产生摩擦，消耗部分能量；另外一些振动能量由振动波通过阻尼线与架空线的连接点，产生反复折射，使档内的稳定振动遭到破坏。同防振锤相比，阻尼线的主要特点是：

（1）重量轻，不容易在固定点形成"死点"。

（2）形式多样，便于通过调整花边改变固有频率。

（3）高频段防振效果较好，低频段不如防振锤。

（4）阻尼线的耗能特性曲线频率变化出现非常凹凸的现象，在谷底消耗的能量小，在小振幅时消耗能量低。

（三）运维措施

1. 大风后及时巡检并进行红外测温

从前面分析的原因可知，导线断股可能先断里面也可能先断外面，对于先

断外面的情况，由于可以直接观察，及时进行消缺就可以，但对于先断里面的从外面观察不易，但由于断股会出现断股处电阻增大，所以断股处的温度与导线其他部位的温度相比会略有升高，可以在大风过后及时安排巡检人员对容易出现断股处进行观察并进行红外测温，及早发现导线断股情况，防止导线由断股发展为断线故障。

2. 压接导线时将压接带用铝包带包裹

根据文献介绍，微动振幅为 1.0mm，经历 2.0×10^7 微动次数的铝包带包裹导线无断股发生，且其内外层铝股线的抗拉强度也远高于相同实验条件下未包裹铝包带导线，表明铝包带对于导线的微动损伤具有显著的防护作用。铝包带包裹导线外层铝股线的主要损伤形式为铝包带刮擦铝股线表面及磨粒磨损，但在磨损斑截面上未见明显的疲劳裂纹扩展，对铝股线强度降低影响较小；内层铝股线的微动黏着区、微动滑移区及微动混合区特征明显，在微动黏着区及微动混合区内可见深入铝股线基体的疲劳裂纹扩展，这导致内层铝股线的强度低于外层铝股，表明铝包带可以有效控制导线的振动位移，减少导线在振动下断股的发生。

3. 断股处修补方式

依照 DL/T 741—2019《架空送电线路运行规程》中的规定，处理导、地线断股的方法有三种：当钢芯铝绞线断股损伤截面不超过铝股总面积的 7%，镀锌钢绞线 19 股断 1 股，采用缠绕或护线预绞丝；当钢芯铝绞线断股损伤截面占铝股总面积的 7%～25%，镀锌钢绞线 7 股断 1 股、19 股断 2 股，采用补修管或预绞丝补修；当钢芯断股、钢芯铝绞线断股损伤截面超过铝股总面积的 25%，镀锌钢绞线 7 股断 2 股、19 股断 3 股，切断重接。也就是说当导线损伤截面超过铝股总面积的 25%，镀锌钢绞线超过 7 股断 2 股、19 股断 3 股，就不允许采用导、地线补修技术，而是推荐安全系数较高的切断重接、换线等方法。

第六节　典型案例分析

一、220kV 某哈线地线振动测试

（一）基本情况

某 220kV 输电线路线处于"百里风区"，地形为戈壁开阔地段，自投运以来，地线断股严重，原设计地线型号 GJ-50，原始参数见表 4-3。

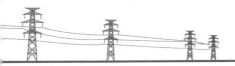

表4-3　　　　　　　　地线参数

名称	符号	数值	单位
弹性系数	E	181 420	MPa
线膨胀系数	α	0.000 011 5	1/℃
单位重量	W	0.367 1	kg/m
外径	d	8.7	mm
计算截面	A	46.24	mm²
拉断力	Tp	54 330	N

计算出的单位荷载见表4-4。

表4-4　　　　　　　　地线单位荷载

名称	符号	数值	单位
自荷载	P1（0，0）	0.077 85	N/m
无冰时的风荷载（5m 风速）	P4（，5）	0.160 0	N/m
无冰时的风荷载（10m 风速）	P4（，10）	0.639 9	N/m
无冰时的风荷载（3m 风速）	P4（，30）	4.319 2	N/m
无冰时的综合荷载（5m 风速）	P6（，5）	3.603 6	N/m
无冰时的综合荷载（10m 风速）	P6（，10）	3.656 4	N/m
无冰时的综合荷载（30m 风速）	P6（，30）	5.622 8	N/m

由气象条件及地线弧垂推算出的张力见表4-5。

表4-5　　　　　　　　地线张力

气温（℃）	风速（m/s）	覆冰（mm）	悬垂角（°）	张力（N）
19	0	0	3.26	11 847.87
−25	0	0	2.44	14 691.39
−5	30	0	2.28	15 713.53
45	0	0	3.42	10 466.89
0	0	0	2.90	13 001.29
10	0	0	2.89	12 379.37
−20	0	0	2.50	14 338.80
−10	0	0	2.63	13 654.98

续表

气温（℃）	风速（m/s）	覆冰（mm）	悬垂角（°）	张力（N）
−20	5	0	2.50	14 324.70
−10	5	0	2.63	13 659.11
0	5	0	2.76	13 005.63
10	5	0	2.90	12 383.92
20	5	0	3.04	11 795.23
−20	10	0	2.49	14 400.93
−10	10	0	2.61	13 720.60

（二）数据采集情况

在该线路 60 号杆塔安装一套微气象监测装置，在地线上安装了加拿大某型号线缆振动检测仪，数据采集为英制单位，1mils＝25μm。

采集到的某时刻部分振动数据如图 4−20、图 4−21 所示。

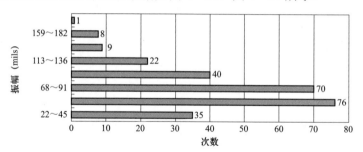

图 4−20　00:25 时刻采集到的地线振动振幅与振幅范围

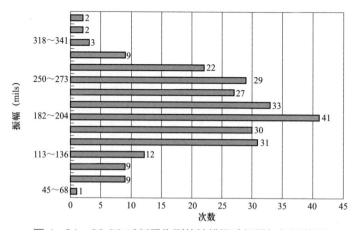

图 4−21　00:30 时刻采集到的地线振动振幅与振幅范围

从图 4－20 可看出，该时刻地线振动发生主要集中于 45～91mils，频率在 122～123Hz，该时刻风速较小，故地线振幅较小。

从图 4－21 可看出，该时刻地线振动振幅比较分散，集中于 136～273mils，频率在 110～111Hz，该时刻风速大于上述时刻，地线振幅随之加大。

通过长期监测，得到该地线振动频率与发生次数的关系如图 4－22、图 4－23 所示。

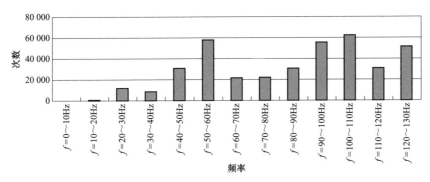

图 4－22　地线振动频率与发生次数

从图 4－22 可看出，地线振动频率一般为 10～130Hz，振幅不大，一般在电线直径 3 倍以下；所需风速较小，通常在 0.5～10m/s，持续时间较长。

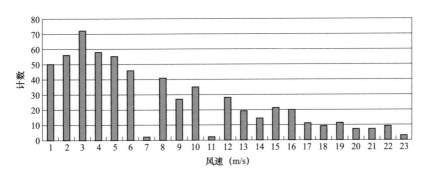

图 4－23　风速监测数据统计

由斯特鲁哈尔公式推导出的风速与导地线振动频率成正比关系，对于 GJ－50 地线，风速与振动频率关系如图 4－24 所示。

从图 4－24 可以看出，风速越大，导线振动频率越大，而振动频率直接关系到导线的使用寿命。对于杆塔而言，越高的位置，风速越大，直径

越小，振动频率越大。因此，一般而言，输电线路的地线断股比导线断股严重。

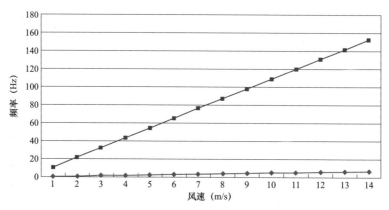

图 4-24　GJ-50 振动频率与风速的关系曲线

（三）数据统计分析

经过近一年的观测，统计出不同季节下的风的冲击频率。

春季风速范围为 0.89～5.81m/s，考虑到春季温差大，张力按照不同气温考虑，地线固有频率在 11～146Hz，风的冲击频率有 50、98、101、116Hz 等，如图 4-25 所示。

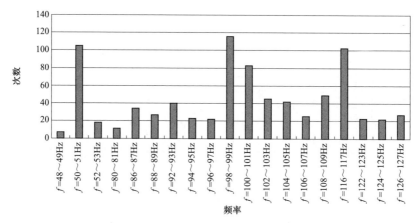

图 4-25　春季风振频率与统计次数

从图 4-25 可看出，风产生的激振频率与地线的固有频率有较多重合区域，处于共振频率区间的高频不能通过防振锤消振，因此春季微风振动导致的断股

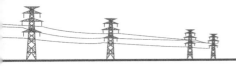

较严重。

夏季风速范围在 0.45～5.36m/s，在此风速下，地线固有频率为 11～134Hz，风的冲击频率主要为 22～45Hz、66～67Hz，如图 4-26 所示。

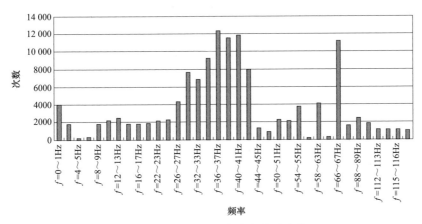

图 4-26　夏季风振频率与统计次数

风的冲击频率与地线固有频率重合性较好，可以通过防振锤来消振，发生地线断股的几率减小。

秋季风速范围在 0.45～4.92m/s，在此气象条件下，地线固有频率 11～123Hz，风的冲击频率集中在 40～60Hz，如图 4-27 所示。

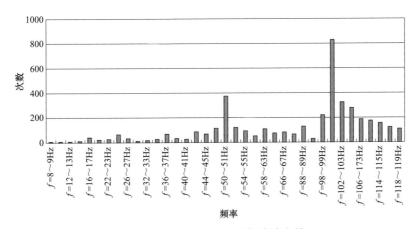

图 4-27　秋季风振频率与统计次数

从图 4-27 可知，秋天也是微风振动断股严重的季节。

对该线路地线测量，发现部分振动角和动弯应变超标，见表 4-6、表 4-7。

表 4-6   地线部分振动角超标

外层单丝直径 （mm）	平均运行张力 （N）	直径 （mm）	刚度 EI（N·m²）	A_{89} 振幅 （mm）	振动角 （°）
2.9	14 680	8.7	816 214 254	0.387	0.249
2.9	14 680	8.7	816 214 254	0.25	0.168
2.9	14 680	8.7	816 214 254	0.273	0.176
2.9	14 680	8.7	816 214 254	0.295	0.190
2.9	14 680	8.7	816 214 254	0.363	0.234
2.9	14 680	8.7	816 214 254	0.386	0.248
2.9	14 680	8.7	816 214 254	0.406	0.263
2.9	14 680	8.7	816 214 254	0.423	0.278

表 4-7   地线部分动弯应变超标

外层单丝直径 （mm）	平均运行张力 （N）	直径 （mm）	刚度 EI（N·m²）	A_{89} 振幅 （mm）	动弯应变 （με）
2.9	14 680	8.7	816 214 254	0.841	307.9
2.9	14 680	8.7	816 214 254	0.864	316.4
2.9	14 680	8.7	816 214 254	0.887	324.8
2.9	14 680	8.7	816 214 254	0.909	332.8
2.9	14 680	8.7	816 214 254	0.932	341.3
2.9	14 680	8.7	816 214 254	0.955	349.7
2.9	14 680	8.7	816 214 254	0.978	358.1

（四）结论

综上所述，在春秋季节交替的时候，张力较大且振动频率较高，因此，该季节容易出现严重的微风振动，继而出现断股。在夏天，由于温度较高，张力较小，引起的地线固有频率范围较小，风产生的激振频率重合区位于防振锤的防振频率内，因此，夏季导地线振动断股的几率较小。冬季，尽管张力较大，引起的地线固有频率范围较大，但风速较小，导地线振动较弱。

二、两种型号防振锤性能测试对比

（一）概述

220kV 某楼线地处平坦开阔的戈壁滩，线路于 1995 年 9 月投运，档距一

般为 340～380m。线路采用水泥电杆，地线通过 U 形螺栓悬垂线夹固定于镀锌支架上。地线型号 GJ－50，有 7 股镀锌钢绞线。架设地线时采用筒式斯托克防振锤，质量 2.14kg，斯托克防振锤的线夹为夹板式。该线路投运后不久就出现大面积地线断股现象，如图 4－28 所示。

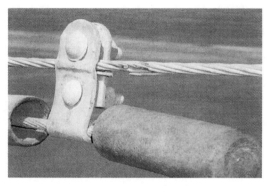

图 4－28 斯托克防振锤线夹处断股

线路运行 8 年后，经过检查统计，70%的档距内出现地线断股，断股发生在筒式防振锤板式线夹附近。

该线路走向为东到西。背面北面 10km 处是天山山脉，临近有铁路与该线路平行走向。发现断股后，运维单位更换了 4 个档距的地线，将防振锤更换为预绞式悬垂线夹和防振鞭，至今未发生断股现象。

2008～2009 年运维单位摘除了筒式斯托克防振锤，更换为非对称防振锤，型号为 4D20，锤重 1.4kg，如图 4－29 所示。

图 4－29 更换 4D20 型非对称防振锤

现场测试采用瑞士某型号微风振动记录仪，测量悬垂线夹附近的应变。现场试验在两个地点同时进行，一处为筒式斯托克防振锤；一处为采用 4D20 型防振锤。每个被测档距的两个相邻档距采用同样的防振锤。

另外取 5 个筒式斯托克防振锤做实验室特征机械阻抗，样品放在激振器上，与 4D20 防振锤进行实验对比。

（二）地线参数

GJ－50 地线股数、股径、单位长度质量和极限抗拉强度见表 4－8。

表 4－8 地 线 物 理 参 数

型号	股数/径	外径（mm）	单位质量（kg/m）	极限抗拉强度（N）	冬季最大应力（N）
GJ－50	7/3.0	9.0	0.447	54 330	15 395

该地线平均拉力为 25% 极限拉力（10℃），冬季 －15℃ 时最大拉力为 28.3% 极限拉力。

（三）现场振动测试记录

微风振动测试仪安装在悬垂线夹上，记录仪探头位置为悬垂线夹出口 89mm 处，记录测量从 12 月 9 日开始至次年 1 月 18 日结束，共计 40d。测试地点为两处杆塔 136 号和 169 号，以上两点地理环境不同，169 号杆常见风速较大，以上两杆分别选择斯托克防振锤和 4D20 型，进行对比测试。

地线振动测试结果见表 4－9。

表 4－9 地 线 振 动 测 试 数 据

杆号	防振锤	最大应变（双峰 mm）	频率范围（Hz）	风速（m/s）	计算应力（MPa）
136	4D20	0.251	30～40	1.6～3.0	29
169	斯托克筒式	0.439	100～200	1.0～9.7	50

导地线承受的应变或应力的极限如果小于设计允许值，导线一般不会断股。GJ－50 钢绞线的极限应变值在文献中没有可参照值，其他类型的钢绞线依据美国加州电力研究所推荐值为应力 100MPa。对于斯托克筒式防振锤，尽管悬垂线夹处的应力测量没有达到 100MPa，但是现场出现大量的斯托克防振锤地线断股，由此推断，斯托克防振锤线夹处的应力很可能大于悬垂线夹处的应力，甚至大于 100MPa。

尽管测量局限在悬垂线夹，但是悬垂线夹处的应变和档距中的振幅是成正比的。悬垂线夹处的测量可以表示微风振动的幅值和特征。

测试结果显示微风振动频率在 2～200Hz，风速在 1.6～9.7m/s。在同样的风速等气象条件下，装有斯托克防振锤的地线比装有 4D20 型防振锤的地线振幅更高，应变值更大。在中高频 100～200Hz 相当于 4.8～9.7m/s，斯托克防振锤振动次数更多，表明斯托克防振锤在中高频减振效果较差，测试结果显示4D20 型防振锤在各频率段尤其是中高频段减振效果较好。

（四）实验室防振锤特性实验对比

斯托克防振锤和 4D20 型防振锤在振动台上做机械阻抗测量比对，线夹振幅 0.1m/s。机械阻抗的定义是力除以速度，机械阻抗的实部和吸振能量成正比。通过对 3 个斯托克防振锤和 2 个 4D20 型防振锤进行实验，实验结果见表 4－10。

表 4－10　　　　　　　　　实验室防振锤测量

试验项目	斯托克防振锤	4D20
共振频率数	2	4
频率范围（Hz）	5～70	5～120

结果显示斯托克防振锤分散性较大，包括钢缆阻尼能力及共振频率值，有的频率范围只达到 60Hz，而 4D20 型防振锤频率范围较广，表明该型防振锤防振效果，能够适用较广范围的风速。

（五）结论与建议

220kV 某楼线现场地线测试结果显示振动频率最高达到 200Hz，相当于风速 10m/s。在这样高的频率和风速时因为地形平坦不利于湍流形成，但有助于导地线微风振动的形成。

安装了 4D20 型防振锤比安装斯托克防振锤的地线振动幅值更低，在中频段和高频段尤为明显。现场和实验室测试结果表明斯托克防振锤对地线减振效果不佳，4D20 型防振锤在减振效果方面优于前者。建议继续加强对斯托克防振锤线夹处地线的断股检查。

在单一股线断裂情况下，地线只用一根铁丝缠住断股，4D20 安装在两根铁丝缠住的中间或附近，安装位置与斯托克防振锤相同。考虑到这一处是地线的薄弱环节，建议观察有无继续断股。如有更多断股发生，4D20 安装位置应该重新调整。

测试地线振动，建议选择在气温较低情况下进行，因为气温低时地线张力

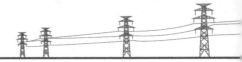

大，振幅处于最高，地点选择在地势平坦、宽阔的地形，以及地线断股严重的地方。

在以后的线路设计和建设过程中，建议确保导地线张力不超过最大设计极限。因为导地线的振动与张力有着密切的关系：张力越大，导地线振动的幅度越大。在设计时应考虑架线时的空气温度最初拉力，确保冬季最大拉力不超过极限。在设计和建设阶段，选择和使用跟地线力学特性匹配的并且适合于地形的防振锤很重要，防振锤的安装位置和数量应合理选择，规范安装。

三、隔离开关引线断线事故分析

（一）事故概况

某 110kV 变电站 2014 年 07 月 02 日 13 时，110kV 母联 11502 隔离开关 B 相引线线夹根部断线，引起 B、C 两相短路故障，造成 220kV 龙湾变电站侧 110kV 龙布一线 1135、龙布二线 1136 断路器跳闸，110kV 该变电站失压。

现场检查跳闸原因为 110kV 母联 11502 隔离开关断路器侧 B 相引线线夹根部断线，在大风的作用下与 C 相引线触碰，造成相间短路。隔离开关引线断线如图 4−30 所示。

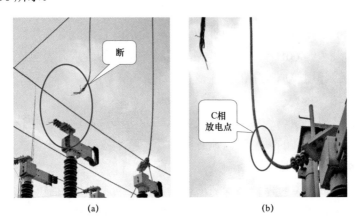

图 4−30　隔离开关引线断线

（a）隔离开关 B 相引线根部断线；　（b）BC 两相短路放电痕迹

（二）故障原因分析

当日有 8~9 级左右大风，110kV 母联隔离开关断路器侧引线线夹根部断线，C 相引线下部有放电闪烙痕迹，综合以上情况判断由于大风引起 110kV 母联隔离开关断路器侧 B 相引线与线夹在运行过程中，长期摆动产生风振引起断线，在大风的作用下，B 相引线摆动与 C 相触碰造成相间短路故障。

　　该变电站位于风口区域，阵风经常刮起，给变电站各连接设备引线造成安全风险；设备线夹选型不符合要求，施工、安装质量不规范，由于引线张力过紧，导致引流线在长期风振条件下长期疲劳损伤，达到导线极限疲劳，造成引流线断线。同时反映出验收人员责任心不强，未按照标准、规范进行验收。运行维护人员巡视检查不到位，发现不了存在的缺陷、隐患。

　　（三）防范措施

　　（1）对位于风口区域的变电站开展各设备引线、线夹的排查整改工作，发现存在安全运行的隐患时应及时治理。

　　（2）加强各变电站新建、改、扩建设计时导线张力、弛度的审核，对位于风口区域的设备及各连接设施应提高设计裕度。

　　（3）加强各项目工程投运前的验收工作；按照标准配备、完善运维检测工器具，进一步提高运维人员巡视水平。

第五章 输电杆塔损坏

第一节 概　　述

一、国内外风致倒塔概述

相较于其他建筑结构，输电线路杆塔具有塔身高、跨度大的特点，表现出明显的几何非线性，塔、线相互作用受风荷载影响很大。根据统计，风是造成输电线路杆塔破坏的主要原因之一。输电塔线体系的高柔特性、导地线的几何非线性以及输电塔与输电线之间、输电塔与基础之间的耦合作用，使得输电塔结构在强台风作用下较易发生震荡，导致杆件产生残余变形甚至断裂，从而引起整个结构的倒塌。在众多引发电力系统事故的自然灾害中，风灾是最为严重的一种。

近些年，我国发生了多起输电线路的铁塔损坏案例，1992～1993 年发生了2 起 500kV 输电线路铁塔倒塌事故，最严重的是某线路一次连续倒塌 7 基塔，造成严重的经济损失；1998 年华东 500kV 某南一线江都段 4 基输电塔倒塌；2005 年 4 月，强风使得江苏的同塔某双回 500kV 线一次性倒塌 8 基塔；2005年，华东电网 500kV 某线路强风致 10 基输电塔连续倒塔事故，造成了大面积停电。2008 年，强台风"黑格比"造成了阳江 110kV 某线 10 基杆塔出现倾斜变形、24 基输电塔发生倒塌。2012 年 7 月受台风"韦森特"影响，江门与珠海地区输电塔倒塌现象严重。2013 年 8 月，无锡市惠山区出现超级大风，3 座输电塔发生倒塌。

输电塔线体系由于风雨导致的灾害在世界各国都频繁发生。经日本电力安全部门统计分析得出的结果表明，在电力供给故障中，由于架空输电线路引起的故障占到 70%，风灾在这些故障中造成的灾害最为严重。九州地区 1999 年 9

月 24 日登陆的十八号台风致使 3 条输电线路发生断线，4 条输电线路输电塔倒塌，九州电力公司测得的该台风最大瞬时风速超过 70m/s。在美国，2005 年飓风"威尔玛"造成 600 万用户停电，飓风"卡特里娜"造成 290 万用户停电。

输电塔结构的风致振动在很大程度上依赖于结构的外形、刚度、阻尼和质量特性。不同的外形将引起不同的风致动力荷载。结构刚度越小，柔性越大，其风致振动响应就越大。结构的阻尼越高，其风致振动的响应也就越小。

输电线塔是一种高度高、外形细长、重量较轻以及刚度较小的高耸柔性结构，这些特点使得风荷载成为输电塔在设计过程中主要考虑的因素。而且随着材料技术、电力技术和工程技术的发展及生产生活的需求，塔体结构必然会不断朝着大跨、高耸、轻质的方向发展，所有这些因素都将进一步使得输电杆塔结构对于风荷载更加敏感。

在风荷载作用下，高耸塔架可能产生顺风向、横风向和扭转响应。高耸塔架大多具有双轴对称性，其质量中心和刚度中心重合，扭转响应一般可以忽略不计。高耸塔架的横风向风振响应机理比顺风向更为复杂，横风向振动的诱因可以分为尾流旋涡脱落、来流紊流和横风向气动阻尼力。大多数情况下，高耸塔架的风振响应以顺风向响应为主，且对于工程实际结构可根据顺风向响应对横风向响应进行判断处理。

二、国内外研究现状

（一）输电塔线体系动力分析模型研究现状

Irvine 采用考虑输电线刚度和不考虑刚度两种方法建立结构的连续体模型，并对结构模型在风荷载作用下的动力特性进行分析。这两种模型精度较高，目前常用来核对离散化模型计算结果的正确性。

Ozono 等学者主要考虑输电塔结构动力相应的差别，根据需要提出分析模型：体系处于低频段，把输电塔线体系在平面内的结构动力响应特性简化为塔和线有多个质量点的模型；当处于高频段时，把塔线体系中塔的质量简化为集中到顶部的质量点，并且把塔简化成悬臂杆件，把塔线体系中导线简化为弹性线。

Yasui 等学者将输电塔线体系中的输电塔构件简化为梁单元或桁架单元，把绝缘子和导线模拟为桁架单元，针对简化后的结构体系模型在时域内进行动力响应分析。

李宏男等学者提出了输电塔线体系的多质点模型，采用多个集中质点将导线简化，而相邻质点之间的连接通过连杆实现。

梁枢果等在李宏男等工作的基础上考虑节点纵向位移二阶小量的影响，并基于输电塔线柔性的特点，对动力特性和频域风振响应做了广泛研究，使多自由度模型能同时用于地震和风振响应计算。

瞿伟廉等采用多质点模型分析输电塔线的振动，认为将塔线体系做平面外横向振动时简化为垂链，做平面内纵向振动时将导线简化为两端固定悬链，能够较好地反映输电线塔线耦联振动效应。

（二）输电塔线体系动力稳定研究现状

沈祖炎等学者运用数值分析的方法对结构体系进行分析，把结构的刚度矩阵和稳定性联系起来，把刚度矩阵的正负作为结构动力稳定性判断的标准，刚度矩阵为正值时结构稳定，为负值时结构丧失稳定。

李琦针对复杂多自由度结构稳定直接判断的困难，尝试采用人工神经网络来判断结构的动力稳定性，根据人工智能"黑箱"映射得出的结构在一系列荷载作用下的动力稳定特性，来推测结构在其他动力荷载作用下的稳定性。

（三）动力试验和现场实测

风洞试验和现场实测是目前研究高压输电线塔动力响应效应的主要手段。由于试验条件目前受到一定限制，风洞试验尚不能达到理想要求，通常以实际工程为背景做风洞试验的研究，楼文娟等以椒江大跨越直线塔为背景，考虑风向、风速等影响因素，对输电塔线体系分别进行了顺风向的静态风作用下的响应测试，以及在顺风和横风脉动风作用下的响应进行了测试，提出了一种简化计算方法计算输电塔横风向作用下的结构响应。邓洪洲等针对江阴输电塔线体系在均匀流场和紊流场中对单塔和塔线体系进行了不同风速下的风振试验。

第二节　典型输电塔动力特性

一、输电杆塔特点

作为电能输送的载体——输电杆塔及其导线，架设的地区地形、气候等环境条件十分复杂，主要环境因素有风、覆冰、各种极端环境温度等，尤其是在强风作用下，在风荷载的作用下易产生较大的动力响应，部分地域先后发生了强风导致的输电杆塔倒塌等损坏事故，所以输电塔的安全性和可靠性等问题备受关注。输电塔是一种高耸柔性结构，其高度在数十米左右，最高可到上百米，长细比因此比较高，它具有高度高、重量相对较轻、外形细长、刚度相对较小等特点。因此，输电塔的高柔特性决定了在绝大多数情况下风荷载是设计输电

塔时考虑的主要因素。随着电力需求量的增长，输电塔日益向着更高、更轻、更柔的方向发展，这就使得输电塔也更易产生较大的动力响应，对风荷载作用的反应越来越敏感。风致输电塔破坏已然成为已知的造成输电塔倒塌的主要原因。

　　输电塔-线体系是由相对柔性的杆塔和非线性导地线连接而成，其对风力作用敏感，易导致动力疲劳和失稳破坏等现象，如图 5-1 所示。高压输电塔线体系作为一种兼具高耸结构和大跨结构特点的特殊结构形式，具有高度大、自重轻、刚度较小的特点。由于输电线路中输电线的振动具有大位移小应变的几何非线性特点，加之线路结构的高柔特性，其风振响应呈现出高度的非线性特性，大跨越输电塔-线体系在风荷载作用下表现出复杂的振动特性，在风荷载的作用下输电线会产生动张力，部分动张力会传递到输电塔架上而引起塔架的振动，塔架的振动又会导致输电线的支座节点处发生位移，最终导致输电线中的动张力进一步产生变化，因此两者的耦合作用不可忽略。为了得到塔线体系在不同风向角下的风振响应规律，应选取 0° 与 90° 风向角下单塔和塔架体系进行研究，分析不同风向角情况下单塔和塔线体系频率、阻尼比、位移与加速度，以此来得到塔线耦合作用对风振响应的影响。

图 5-1　风致铁塔倒塌现场图

　　因此，如何提高输电塔这类高耸结构的安全性、有效地减小或抑制输电塔在风荷载作用下的动力响应，以确保输电塔在风荷载作用下正常工作，一直是

高耸结构研究的方向之一。国内杆塔设计荷载均按 GB 50545—2010《110kV～750kV 架空输电线路设计规范》要求取值，国外项目输电线路杆塔设计风荷载取值多采用 ASCE 标准。ASCE74－2009《美国输电线路结构荷载指南》是世界上重要的输电线路设计规范之一。我国幅员辽阔，沿海和内陆、山区和平原的气候特点差异非常大，与国外相比结构荷载参数取值也不尽相同，因此非常有必要进行输电塔的风荷载效应的对比分析。

二、环境因素对风致振动的影响

1. 风向影响

线路所受风向角可分为 90°、60°、45°、0° 四种。高压输电塔线体系在强风作用下的振动属于耦联的振动，输电塔和输电线的振动相互影响，它们作为一个整体发生较为强烈的振动。输电杆塔主材不同高度的节点顺风向位移均要比相应的拟静力分析所得位移要大。

在实际工程设计中，一般是考虑不同风向角工况，按最不利工况包络设计。综合考虑上述不同风向角工况可知，90° 风向角为最不利风向角，在实际工程设计时，可以采用传统拟静力方法计算构件应力，仅按照最不利的 90° 风向角进行设计风速下的输电塔主材内力计算。

在不同风向角时，塔线体系之间的耦联效应随着风向角的增大而增大；输电线中的动张力随着风向角的增大而增大；绝缘子下节点垂直线路方向位移响应随着风向角的增大而增大；不同风向角下无论垂直线路、顺线路的主材节点时程最大位移均随风向角的增大而增大；输电塔的空间扭转亦随风向角的增大而益发显著。

在设计风速作用下，0° 风向角时规范算法偏于保守，45° 风向角时可直接按照规范算法设计，60° 风向角及 90° 风向角时建议适当考虑塔线耦联所产生的动力放大作用的影响来进行设计。

2. 风速影响

随着风速的提高，输电铁塔的位移和轴力响应不断变大，风速的大小对输电铁塔的风振响应影响很大。在 90° 风向角下，随风速增大，输电塔振动增强、位移增大；实际工程设计时，尽管可以采用塔线耦联效应动力增大系数来修正规范拟静力方法的设计结果，但考虑到低于设计风速时，塔架杆件在风荷载动力作用下有可能提前进入屈服从而引起塔架破坏模式的改变，此处建议可根据所设计工程的重要性补充验算耦联体系的动力响应，以得到更合理的设计结果。

在 90° 风向角设计风速作用下，塔线体系中输电塔的主材应力远大于单塔

主材应力，最大可达到主材构件的材料设计强度值，塔线体系中输电线和输电塔的耦联作用对输电塔构件应力的放大作用也是不可忽视的。

第三节　典型案例分析

110kV 输电线路铁塔倒塌。

（一）故障跳闸简况

2017 年 05 月 03 日 02 时 03 分，110kV 马某线 1767 距离 I 段保护动作跳闸，重合不成功，选相 C 相，距马场变电站侧测距为 9.77km，损失负荷 8MW。

2017 年 05 月 03 日 02 时 06 分，220kV 淖某湖变电站 110kV 淖某线零序一段、接地一段、光纤差动保护动作跳闸，选相 C 相，重合不成功，距马场变电站侧测距为 10.69km。

（二）设备参数型号

110kV 马某线线路全长 100.912km，杆塔 367 基，马某线 4～34 号与淖某线 565～533 号同塔双回架设，投运日期为 2008 年 11 月 05 日。导线型号：LGJ – 185/30；地线型号：GJ – 35；绝缘子型号：FXBW – 110/100。

110kV 淖某线线路全长 135.514km，杆塔 566 基，投运日期为 2012 年 11 月 06 日。导线型号：LGJ – 185/30；地线型号：GJ – 50；绝缘子型号：FXBW – 110/100。

故障铁塔型式为 7727 – 21 型，故障线路此塔型数量 27 基，铁塔设计最大风速为 30m/s，最大覆冰为 10mm，最低温度为 – 40℃。

故障时段天气：大风暴雪天气，该地气象局在故障时段监测线路附近风速为 29.2m/s（距故障点距离 10km），故障点 30 号塔位于军马场鸣沙山区域。30 号塔处于地势低处，且周围均为高处，形成了典型的气象学"狭管效应"，线路走向为南北方向，如图 5 – 2 所示。铁塔弯折方向由西向东，如图 5 – 3 所示。故障区段风向为由西向东，初步推测故障区段风速超过 30m/s。

（三）处理经过及原因分析

对 110kV 马某线、淖某线故障巡视，现场巡视发现 30 号塔塔头位置（距离地面 15m）发生弯折（110kV 马某线与 110kV 淖某线 537 号塔同塔双回架设），积雪厚度达 40cm。

初步判断为铁塔在覆冰及大风作用下，造成主材弯折，撕裂的塔材如图 5 – 4 所示。

图 5-2　铁塔倒塌处微地形地貌

图 5-3　铁塔倒塌现场

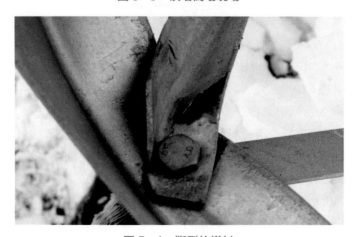

图 5-4　撕裂的塔材

经分析认为该塔型抗风能力不足，77 系列 110kV 直线塔型，广泛应用于 2008 年以前线路设计。2008 年南方冰雪灾害发生以后，对输电铁塔的强度更加重视，《国家电网公司输变电工程通用设计　220kV 输电线路分册、110（66）kV 输电线路分册（2011 年）》中再次提高了铁塔的强度要求，77 系列杆塔不再推荐使用。

此次故障主要原因有：

（1）气象变化原因。由于气候变化原因，部分地区出现了罕见气象，例如：大风、暴雪、覆冰、不均匀覆冰等气象天气频发。

（2）规程规范变化。如规划设计提高、杆塔设计工况增加、荷载设计值提高等。

（3）77 系列杆塔承载力相对较弱。部分塔身断面采用了矩形断面，钢材大部分采用了 Q235 钢材，杆塔杆件长度规划不合理。

按照现行设计规范进行计算校核，7727 杆塔塔身主材出现了超载，主材超载达 10%～20%，均出现超载。为了电网安全运行，建议补强 77 系列杆塔。

（四）防范措施

对连续上下档特殊地形及微气象考虑不充分，应加强在微地形、微气象区域开展杆塔应力屈服强度校核工作。

运行单位针对微地形、微气象区域及强风区域开展 77 系列杆塔的补强工作。增强巡检力度，利用直升机、无人机巡航，在线监测等手段，加强微地形、微气象区域的输电线路状态掌控。

第六章 避雷针风致振动疲劳

第一节 概　　述

一、避雷针倒塌事故

风致振动现象广泛存在于工程领域，在生产生活以及各个科技领域中都会遇到各种不同程度的风振问题。风致振动是影响高耸结构正常使用和结构安全的重要因素，其主要是脉动风对结构产生振动的动力效应。结构在风振作用下的振幅一般比在地震荷载作用下的振幅小，但相比于地震荷载，风荷载作用频率却要高得多。结构的风致振动无法避免，但风致响应可控制在容许范围内。高耸结构逐渐向着更高、更轻、更柔的方向发展，这使得其固有频率接近风荷载卓越频率的可能性更大，从而对风荷载的敏感性进一步增强。风荷载是结构的重要设计荷载，是避雷针、电视塔等大型高耸钢结构的主要侧向荷载之一，以至于可能成为结构设计中的控制性荷载。结构抗风设计的合理与否是工程安全的重要关键因素，日益受到国内外专家、学者及工程技术人员的重视。

避雷针属于典型的高耸结构，单管塔计算图式相当于一个悬臂梁，可以按压弯构件计算。作用在避雷针钢管塔结构上的荷载有风荷载、雪荷载、地震作用、温度变化、基础不均匀沉降、安装或检修荷载、各种偶然性的事故荷载等。如果风激励下产生的风振频率和结构本身的固有频率相等或相近，则会引起共振，不仅影响避雷针的正常生产和使用，严重的还会对结构安全产生威胁，造成不可挽回的损失。避雷针遭受风荷载作用时被破坏的例子屡见不鲜。

变电站避雷针曾发生过多起倒塌事件：

（1）2015 年 3 月 31 日 12 时 26 分，某 750kV 变电站 330kV 设备区内 1 号避雷针因强风、沙尘天气跌落，造成 330kV Ⅱ 段 A 相管母受损，330kV Ⅱ 母失

压，如图 6-1、图 6-2 所示。

该县气象局数据：3 月 31 日东大风天气，观测站极大风速 27m/s，风速达到 10 级，受地形影响风口地带达 12 级以上，风速大于 32.6m/s。

运维人员现场巡视检查发现位于变电站东北角迎风面的某出线龙门架上的 1 号避雷针根部断裂，朝西南方向倒向 330kV Ⅱ 母侧。根部搭在 330kV Ⅱ 母 A 相管母上，造成 A 相管母弯曲变形，该线 C 相出线龙门架上跳线断股，避雷针尖端掉落在地面上弯曲变形。

图 6-1　某 750kV 变电站避雷针尖端掉在地面上弯曲

图 6-2　某 750kV 变电站避雷针倒塌示意图

1 号避雷针为变截面钢管结构，针顶标高 45m；安装于标高 23.8m 的地线柱上，与地线柱采用法兰连接、螺栓 6.8 级 M20 共 8 个。现场发现地线柱柱顶法兰与避雷针底部法兰连接螺栓全部断裂。现场找到 8 套掉落的螺栓，其中 4 套完整，有 4 只找到断裂后的一半螺栓。检查发现 2 套螺栓断面有锈蚀痕迹。

从螺栓断面分析，2 只断面有锈蚀螺栓断裂位置均位于螺纹从根部数第七扣部位，即法兰紧固后螺母与垫片结合面部位。断口明显分为三个部分，第一部分为裂纹疲劳扩展区，断口表面光滑，呈灰黑色，表面附着一层致密的氧化膜，说明此区域开裂时间较长；中间部分断口表面较为粗糙，具有纤维状断口特征，为裂纹快速扩展区。此区域断口表面也附着有一层暗红色氧化铁。靠断口边缘部分有一个较小的剪切唇。整个断口无明显塑性变形，具有脆性断裂特征，且从断面锈蚀情况来看，断裂时间已经比较长久。1 号、2 号断口宏观形貌如图 6-3、图 6-4 所示。由于断口表面存在较严重的锈蚀和一定程度的机械损伤，已不便对断面及裂纹源进行微观形貌分析；其余 5 只螺栓，断口均位于螺纹的第一至第三丝扣之间，表面粗糙为纤维状断口。断口表面具有金属光泽，无氧化锈蚀现象，应为过载及外力冲击下造成的韧性断裂，断口形貌如图 6-5、图 6-6 所示。

图 6-3　1 号断口断裂面宏观形貌

图 6-4　2 号断口断裂面宏观形貌

图 6-5　3 号断口断裂面宏观形貌

图 6-6　4 号断口断裂面宏观形貌

在设计条件下（风速 31.8m/s），构架避雷针与地线柱连接的螺栓受拉应力与抗拉应力的比值最大值为 0.72，满足 DL/T 5457—2012《变电站建筑结构设计技术规程》中规定钢材受拉应力与抗拉应力的比值不应超过 0.8 的规范要求。

根据属地县气象局证明，当天观测站观测到的极大风速 27m/s，受地形影响，风口地带风力可达 12 级以上。蒲氏风速表中，12 级大风对应 32.6m/s，实

际运行条件下风速按 33m/s 进行取值。

根据现场检查情况，避雷针与地线柱连接的螺栓有 2 套发生了腐蚀，有效受力面积大大减小（减小 60%以上）。分别按照 2 套螺栓部分失效（40%有效受力面积）和 2 套螺栓全部失效进行了受力分析，分析结果表明：

1）在两套螺栓部分失效的情况下，连接螺栓受拉应力与抗拉应力的比值最大值为 1.4。

2）在两套螺栓完全失效的情况下，连接螺栓受拉应力与抗拉应力的比值最大值为 1.8。

并且，通过对断裂螺栓化学成分分析、硬度试验、金相试验可知，断裂螺栓化学成分符合标准，金相试验组织基本正常，硬度试验值略低于 GB/T 3098.1—2010《紧固件机械性能　螺栓、螺钉和螺柱》要求。

综合分析认为，在平均风荷载、脉动风荷载以及涡激力的共同作用下，避雷针长期处于摆动状态。由于结构钢度的影响，其下部法兰处受到的交变弯曲应力的作用最为明显，法兰固定螺栓在螺母与垫片结合处的螺纹根部由于结构和形状因素会产生较为严重的应力集中现象。因此，避雷针下部法兰上 8 根螺栓中的 1 号和 2 号螺栓在自身紧力以及避雷针摆动造成的交变弯曲应力作用下，在螺纹根部应力集中部位（或材料微观缺陷部位）发生了疲劳损伤的积累并形成疲劳源，在长期交变应力的作用下，这两根螺栓螺纹根部的疲劳裂纹不断扩展，当 1 号螺栓疲劳裂纹扩展至螺杆大部分截面时，剩余金属已经无法承担螺栓所承受的载荷，造成裂纹快速扩展，发生断裂。1 号螺栓失效后，其余螺栓所承受的载荷加大，其中 2 号根螺栓疲劳裂纹加速扩展，当裂纹疲劳扩展至约 40%截面时，发生失稳扩展，导致 2 号螺栓相继断裂；由于两根螺栓已经完全失效，其余螺栓所承受的载荷进一步加大，当遭遇强风天气时，剩余螺栓已无法承受巨大弯曲应力所形成的拉应力，造成其余螺栓瞬时发生断裂，导致避雷针倾倒。

（2）2016 年 1 月 27 日，某 35kV 变电站避雷针从第二、三节处断裂（共六节），断裂后的避雷针倒向 1 号主变压器位置，导致 1 号主变压器 10kV B、C 相铝排及导线变形，10kV C 相套管底部破裂，出现渗油，主变压器 4 号散热片顶部变形。

该变电站避雷针为格栅式钢筋结构，高 30m，共六节，每节间均用螺栓紧固。根据老风口自动气象站实时资料显示，2016 年 1 月 24 日～27 日，老风口一带出现大风天气过程，24 日极大风速为 24.1m/s，25 日极大风速为 23.6m/s，26 日极大风速为 21.0m/s，27 日极大风速为 19.7m/s，等级为 7～8 级大风。

　　检修人员到现场后发现，有四组紧固螺栓脱落在避雷针下方的地面上，其中有一组螺栓断裂。在检查避雷针本体的过程中发现，避雷针所有紧固螺栓均为单螺帽，避雷针螺栓连接板与圆钢连接处未加加强板，部分螺栓有松动现象。

　　根据以上现场情况分析，避雷针螺栓连接板与圆钢连接处未加加强板，且所有紧固螺栓均为单螺帽，可靠性大大降低，在风力反复作用下，螺栓连接板与圆钢连接处在横向应力下出现断裂，导致避雷针倾倒，如图 6-7～图 6-10 所示。

圆钢在焊口上方断裂

避雷针紧固螺栓均为单螺帽，设计图纸要求配双螺帽

按设计图纸要求，这两个部位应加加强板

图 6-7　某 35kV 变电站避雷器二三节钢筋断裂　　　图 6-8　某 35kV 变电站断裂处螺栓破坏情况

图 6-9　避雷针断裂及脱落的螺栓　　　　　图 6-10　避雷针螺栓脱落

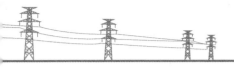

因此，在避雷针工作过程中应加强基建过程的质量监督，增强风区变电站避雷针的强度；对大风区变电站避雷针紧固螺栓使用双螺帽，在焊接处增加加强板；加强巡视，对大风天气时摆动幅度较大的避雷针及时进行检查；定期对风区变电站避雷针紧固螺栓进行检查，防止因螺栓松动导致事故。

（3）2015 年 3 月 31 日，某 750kV 变电站出现强风沙尘天气，12 时 26 分，220kV 设备区 8 号避雷针发生断裂，掉落在 220kV I 母外侧。现场检查发现 220kV 设备区 8 号避雷针第一节与第二节（从下向上数）法兰处发生断裂。断裂造成第二~五节避雷针掉落至地面空地，并散开为三部分，其中第二、三节螺栓连接，第四节、第五节螺栓断裂散开（见图 6-11）。第一节及第一、二节连接法兰未掉落，位于构架上部。

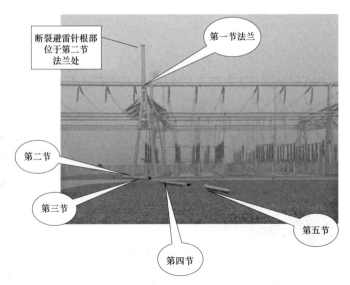

图 6-11　某 750kV 变电站 8 号避雷针掉落现场

根据当日变电站值班人员介绍及站内风力测试数据（间隔 5min 记录），5 时 00 分风力达到 9 级并伴有轻微沙尘，6 时 30 分沙尘明显加重，室外能见度不足 1m，持续至 12 时，平均风力在 10~11 级，瞬时最高风力达到 12 级以上，记录最高风速 30.7m/s，实际观察瞬间风速达到 34m/s 左右。

8 号避雷针共有 5 节组成，安装于 220kV 门形构架上（对应于 220kV 烟疆一线间隔上部），如图 6-12 所示。构架离地面高度 12m，避雷针到地面总高度为 40m，断裂处距离地面约 17.6m，具体断裂位置为第二节避雷针下部法兰焊接部位以上 5～10mm 处（断裂处管壁厚 8mm，管径 300mm）。检查其他法兰焊缝，在从上往下数第 3 个法兰焊缝处发现明显裂纹，如图 6-13 中黑色箭头所指位置。

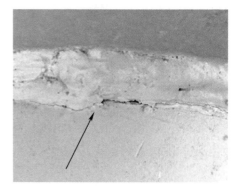

图 6-12　某 750kV 变电站避雷针倒塌　　图 6-13　某 750kV 变电站避雷针焊接裂缝

对倒塌避雷针的法兰连接处进行检查，发现第二节下部法兰螺栓发生断裂，螺栓断面呈脆性断裂，如图 6-14 所示。同时发现第二、三节法兰螺栓存在松动现象，如图 6-15 所示。

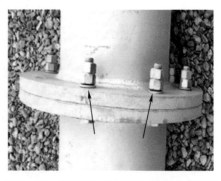

图 6-14　某 750kV 变电站避雷针螺栓断裂图　　图 6-15　某 750kV 变电站避雷针螺栓松动

从现场螺栓断面分析，螺栓具有脆性断裂特征，一是断口致密呈结晶状且无可见杂质；二是断裂部位无明显的塑性变形，应为脆性断裂，判断为掉落地面时受到强烈冲击发生脆断。本次避雷针断裂与连接螺栓质量无关。

检查发现断口存在明显疲劳纹［见图 6-16（a）箭头①］，其他部位断口呈脆性断裂。部位金属颜色与基体金属颜色不同［见图 6-16（a）箭头②］，判断该部位位于焊缝热影响区附近。管壁金属上存在明显焊接烧穿灼伤痕迹［见图 6-16（b）中箭头位置］。

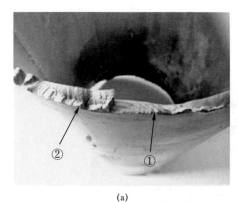
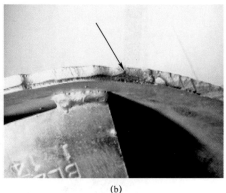

(a)　　　　　　　　　　　　　　　　(b)

图6-16　某750kV变电站避雷针圆筒断口形式

现场实测风速34m/s，大于31m/s，设计值小于现场实际，同时多次观察到的风摆现象以及断口处的疲劳纹，均表明避雷针抗风设计能力不足。

变电站关系到区域能源输入，直接影响着地区正常生产，一旦由于避雷针倒塌导致输电线路中断，将带来严重的社会负面效应及经济损失。因此，为确保变电站的正常运行，保证构架避雷针的结构安全，通过现场实测与理论分析研究评价避雷针的现行工作状态，深入探讨高压变电站构架避雷针的风致振动和风振疲劳机理，确定结构在强风作用下的荷载放大系数和安全储备，明确破坏避雷针是否存在结构缺陷、安全隐患或施工质量，探究变电站构架避雷针倒塌事故发生的原因，提出控制避雷针风致振动和风振疲劳的措施，无疑具有重要的理论意义与工程应用价值。

2015年9月13日21点04分，又一座750kV变电站2号主变压器上方构架避雷针风致倒塌，造成主变压器三侧断路器跳闸。220kV Ⅱ/Ⅳ母失压，1号所用变压器失压，0.4kV Ⅰ段、Ⅱ段失压。

2号主变压器750kV进线侧龙门架西侧构架顶部避雷针跌落至龙门架水平横梁中部导致和构架顶端连接处法兰连接螺栓断裂，避雷针跌落过程中砸伤横梁及B相GIS出线筒套管，导致对地放电引发主变保护动作。2号主变压器GIS主变压器间隔B相出线套管顶部均压环变形严重，已损伤该复合套管上部。倒塌损坏现场如图6-17～图6-19所示。

二、风振响应研究现状

陶春、吴必华对单杆式钢管避雷针结构在大风工况下按纯弯构件验算了其强度及变形，指出在满足结构局部稳定条件下宜选用径厚比较大的管材。同理，

图 6-17 某 750kV 变电站避雷针倒塌现场

图 6-18 某 750kV 变电站避雷针倒塌造成构架横梁损坏

图 6-19 某 750kV 变电站避雷针倒塌造成电力设备损坏

王仲斌、周泽辉等通过钢管结构避雷针静风荷载计算，指出在满足局部稳定的条件下，当其他条件相同时采用径厚比大的钢管截面比加大钢管管径分析所得的强度更高、位移更小、设计更为合理。

张堃、苗用新等基于有限元软件分别建立了五种截面形式的避雷针模型，并分析了静风压情况下各避雷针截面最大局部应力大小及分布范围。由结果可知，圆形截面的避雷针最大应力适中，且较少出现应力集中现象，因此圆形截面形式是避雷针结构设计中的最优方案，适合作为常规设计截面推广使用。

杨世江、高贵亮等通过分析新疆地区某 750kV 变电站构架避雷针跌落事故，对构架避雷针的计算进行了复核，结果表明设计满足相关规范规程的规定，避雷针发生破坏是由于顺风向振动和横风向共振共同在螺栓上产生的交变应力导致的。针对本次事故，进一步对于变电站避雷针的设计方案提出了优化措施。

徐贤、吴国忠等基于某变电站独立避雷针和构架避雷针的断裂事故，采用宏观和微观扫描电镜检查、力学性能试验、化学成分分析和金相组织检查等方法对断裂位置进行分析，得出避雷针断裂是由于结构自身因素、交变风载和低温的共同作用，致使结构在最薄弱部位发生了疲劳断裂。同时，通过对结果的进一步分析，提出了变电站避雷针结构的整改措施。

谌磊、彭奕亮等基于近年来变电站避雷针在大风作用下的断裂现象，提出了断裂避雷针相贯节点的恢复及对现有结构相贯节点的加固方案，并进一步利用 ABAQUS 软件对于恢复加固方案后的避雷针相贯节点进行了受力分析。结果表明，避雷针通过恢复及加固方案后，相贯节点处均不再出现应力集中的现象，其受力特性有了很大的改善。

卫永鹏、王强等基于我国西北地区变电站避雷针连续倾倒现象进行了深入分析，认为避雷针破坏是由于横风向共振反复荷载造成了底部法兰盘螺栓开裂引起的。同时，对比了格构式避雷针和独柱钢管避雷针结构发生涡振的可能性，并进一步提出了防止钢结构变截面避雷针发生涡振现象的具体措施。

王建、邓鹤鸣等通过分析我国新疆风灾地区 750kV 变电站构架避雷针结构倾倒事故，得到风灾区域构架设备变形破坏的原因如下：① 避雷针连接处法兰焊接不合格，风荷载作用下容易产生应力集中，产生局部裂纹；② 横风向共振导致避雷针法兰盘连接处螺栓松动或者断裂；③ 设备在应力集中处发生疲劳断裂，后期发展为脆性断裂。针对上述分析结果，最后提出了构架避雷针的抗风措施。

丁国君、郭磊等通过对一起构架避雷针结构折断事故的分析，发现故障是由于构架避雷针柔性法兰连接处应力不足,在长期交变风荷载作用下发生了断裂引起的。针对此次事故,提出了该结构避雷针的加固措施,并对该类避雷针的设计方案给出了建议。

孙涛、李玥等通过对两起构架钢管避雷针的断裂跌落事故分析,提出了避雷针破坏是由于横风向共振所引起的。避雷针结构在横风向共振反复荷载作用下,底部法兰盘连接螺栓容易发生疲劳开裂,螺栓有效工作面积不断减小,最终导致避雷针结构的整体倾倒。针对横风向共振现象,提出了改善避雷针结构的气动控制措施。

潘猛、李健等总结了变电站避雷针结构发生断裂的四种可能原因:变化的风荷载、恶劣的环境温度、不合理的结构设计和材料的力学性能。然后进一步提出了三种防断裂措施:加固避雷针段法兰盘的连接、使用高性能的材料和定期维护检查。这为今后预防变电站避雷针结构的断裂提供了宝贵的经验。

王太江从基本的风理论知识入手,全面考虑了当地气候、地质、建筑物高度及结构构造等因素,对避雷针结构设计提出了要求。然后论述了风荷载计算对避雷针结构设计的重要性,并通过具体实例给出了避雷针结构风荷载计算的具体步骤。

伍斯利用软件建立了六棱锥避雷针杆件的模型,并对该避雷针杆件进行了静力学分析、动力学分析和疲劳寿命计算。由结果可知,新型六棱锥避雷针在应力、位移及疲劳寿命方面均优于传统的圆柱形避雷针,为今后避雷针杆件的结构设计及改进提供了重要的依据。

马崇、程明等通过 ABAQUS 软件对 35m 高的格构式避雷针结构进行了风荷载静力分析,得到避雷针最大的综合应力分布在离地 26.5m 高度处(焊接接头处),最大变形发生在避雷针顶端。通过进一步计算,分析了该焊接结构避雷针的极限承载风压,具有工程实际应用价值。

张兆凯通过 ABAQUS 软件建立了 30m 高三角形截面的格构式避雷针模型,通过风载静力分析得到避雷针最大的综合应力出现在离地面高度 5m 位置处,最大变形发生在避雷针的顶端。同时,基于该避雷针塔的风载静力分析结果,对于应力危险点位置进行了剩余寿命的分析。结果表明,该类型避雷针塔在当地的环境下可以连续工作 27.4 年。

陈怡文基于某 500kV 变电站构架避雷针结构在大风下发生的断裂现象,通过有限元软件建立了构架避雷针的整体模型,进行了风振时程响应分析。分析结果表明:整体结构受风荷载时中间根避雷针的受力是最不利的;90°风向角是结构受力的最不利风向角;避雷针底部和中间变截面处应力较大,同属于

危险截面；最后提出了在 T 形节点处设置加劲肋的加固方案，该方案可以明显减轻避雷针与横梁相贯区域的应力集中现象，对于实际工程加固具有指导意义。

陈萌、管品武基于软件对某电信楼避雷针进行了动力特性分析，得到的避雷针塔的模态频率与现场实测频率值较为接近。然后又对避雷针塔进行了完全瞬态动力分析，由塔顶位移时程曲线可知，塔顶位移较大，已经超出规范规定的许可范围，需要采取有效措施抑制避雷针塔的风振响应。高东方在之前研究的基础上，对该避雷针提出了减振加固的方法，即通过增加避雷针底部刚度和增加侧向纤绳。通过与加固前结构对比分析发现，加固后结构的顶部位移减小了 38%，满足相关规范的要求，证明此加固方案是可行的，可以为同类结构抑制风振响应提供参考。

陈寅、陈传新等采用三种不同的荷载设计规范，对换流站四种不同结构形式的避雷针塔架进行了风振系数计算。通过结果对比，总结出了避雷线塔风振系数的计算方法和取值标准，为类似工程设计和规范的取值提供了参考。

三、风振疲劳研究现状

蒋红旗以现场实测的时域和频域特性为基础，建立了考虑结构耦合效应的流固耦合模型，对高空作业车进行了风振疲劳损伤研究。在此过程中得到了在最大作业高度和最大作业幅度两种极端工况下高空作业车位移和加速度的响应规律。

窦春宇对大跨双向张弦梁进行了风致疲劳分析。首先对东南沿海地区百年一遇风速进行时程模拟，转变为风荷载后施加在建立的有限元模型上，得到结构的风振响应，使用雨流计数法和 Miner 线性累计损伤理论计算出结构的疲劳损伤值，并对影响其疲劳性能的因素进行了研究。

王浩博在现场实测风速数据的基础上，拟合出当地平均风分布情况，使用谐波叠加法对不同平均风速的风速时程进行了模拟，将其转换为风荷载后施加在有限元模型上，计算出结构的疲劳寿命，并且对考虑风的方向性得出的疲劳寿命和不考虑风的方向性得出的疲劳寿命进行了对比。

东南大学的邰燕对大型不规则雕像在风荷载作用下的疲劳情况进行了研究。通过对有限元模型进行风振计算，得到薄弱部位的应力时程，对其疲劳寿命进行了评估，并通过改变应力幅值、平均应力和幅值等参数来找出对其疲劳寿命影响最大的因素。

张兆凯对避雷针所使用的材料进行了金相检验、扫描电镜检验、拉伸试验、

冲击试验和疲劳试验，通过各种数据得出了材料的 $S-N$ 曲线。使用有限元软件 ABAQUS 对避雷针进行模拟，找出受力最大的位置，并对避雷针进行了疲劳寿命的判断。

李素杰介绍了输电塔结构的风致疲劳时域分析方法，并根据风速风向分布图，对输电塔的寿命做出了预测；然后采用基于断裂力学的疲劳裂纹扩展模型对结构进行疲劳分析，通过把应力强度因子的计算结果和 Newman&Raju 经验公式相对比，验证了数值模拟的可靠性。最后使用疲劳裂纹扩展理论和 Paris 公式推导了恒幅荷载下结构的疲劳寿命估算公式。

徐国彬等人对材料为 40Cr 的 M14 高强螺栓进行了疲劳试验，试验后使用各种仪器如 $PSEM-500X$ 扫描电子显微镜和 $EDAX-711$ 能谱仪等，对高强螺栓断口进行了微观分析，文中认为高强螺栓的冶金质量会直接影响螺栓疲劳寿命。

太原理工大学雷宏刚等人对网架结构螺栓球节点高强螺栓做出了一系列研究，针对 M20 等直径的高强螺栓进行了常幅和变幅疲劳试验，得出了多种螺栓的 $S-N$ 曲线，初步确立了常幅疲劳和变幅疲劳的设计方法。

张媛对风力机塔筒法兰连接螺栓疲劳寿命进行了分析，分别使用工程算法和有限元算法计算出高强螺栓 20 年内的疲劳损伤值，进行对比后发现工程算法得到的疲劳损伤值偏小。文章最后针对预紧力和法兰厚度两个因素对螺栓疲劳性能的影响进行了分析，为两者的取值范围提供了意见。

何玉林等人对 42CrMo 风机塔筒法兰高强螺栓疲劳寿命进行了分析，总结出塔筒顶部外荷载与螺栓内部应力之间的关系，并使用工程算法对螺栓疲劳寿命进行分析，得出其疲劳损伤值。

周伯贤对高强螺栓的受拉疲劳性能进行了研究。通过试验总结出了螺栓的 $S-N$ 曲线，得出了各种规格下高强螺栓的应力集中系数和疲劳缺口系数，并使用 ANSYS FE-SAFE 对螺栓的疲劳寿命进行了计算。

目前，有关避雷针的已有研究大多采用数值模拟方法，尚少有人采用现场试验方法对避雷针的风场特性和风致振动机理进行分析，且风致振动机理不明确，风致振动对策研究还需进一步深入。

第二节　避雷针动力特性的现场试验与分析

某 750kV 变电站共有三种结构形式的避雷针，即独柱避雷针结构、单跨构架避雷针结构和三跨构架避雷针结构。为保证后续有限元模型的正确性，对计

算模型提供实测对比数据，对该变电站的三种避雷针进行了现场结构动力特性实测，得到了三种避雷针结构的自振频率。通过与有限元模型频率对比，验证了避雷针结构模型的正确性，为后续风振响应分析奠定了基础。

一、振动测试方法及仪器的选择

分析和认识结构的动力特性是研究结构动力响应的基础，而结构的固有频率是结构最基本的动力特性参数。对于简单的高耸结构，其风致动力响应一般由前几阶频率控制，一般测取结构前几阶的基本频率即可。

工程结构中常用的结构现场动力特性测试方法有：自由振动法、强迫振动法和环境随机激振法，其中自由振动法和强迫振动法都属于人工激振法。这三种方法都有其各自的适用特点，在实际工程中要选取合适的测试方法。

1. 自由振动法

在试验中采用突然卸载或突然加载初位移或初速度的方法，使结构产生自由振动。试验时在结构可能出现最大振幅的部位布置传感器，通过测试仪器记录下结构不断衰减的自由振动曲线，由曲线的峰、谷值可以得到结构的自振频率，但一般情况下自由振动法测得的结构高频误差较大，只能较准确地测得结构的一阶频率。

2. 强迫振动法

强迫振动法，又名共振法，一般采用外部机械设备对结构施加周期性的简谐荷载，使结构产生周期性的简谐振动。当外部施加荷载的频率与结构的自振频率相等时，结构就会发生共振，结构出现振幅极大值时所对应的频率就是该结构的固有频率。强迫振动法的特点为可靠性高，便于数据的采集分析。

3. 环境随机激振法

环境随机激振法又被称为脉动法，其原理是借助于结构周围存在的动源（例如风荷载、地面脉动荷载等）引起结构的响应。采用环境随机激振法测定结构的动力特性是当前现场试验中应用较多的一种方法，其优点在于以周围环境中存在的脉动源作为激励荷载，不再需要额外的人工激励。但是由于结构周围环境激励力通常较弱，因而需要配合使用高灵敏的测振传感器及放大器，如果想要获得高阶的结构频率，还应该进行频谱分析计算。本文采用该种方法对变电站三种避雷针结构进行了现场测试，通过频谱分析得到了三种结构的频

率，振动测试系统的过程示意图如图 6-20 所示。

图 6-20 振动测试系统的过程示意图

一般情况下，在测量模态和频率时不应少于 5min，在测试阻尼时不应少于 30min，而且在检测过程中要保证一个相同的参考点。现场对各构件进行整体测试，在构件上模型节点处，测试过程中在避雷针所处环境主导风向的 0°及 90°的方向垂直布置拾振器。

二、独柱式避雷针测试点布置及现场试验

经现场勘察，结合现场条件，按照避雷针理论计算模型确定测点位置。自上而下对测点进行编号，独柱式避雷针共布置 10 个测点，同一截面上的两测点之间相互垂直。测点布置图和现场试验图如图 6-21、图 6-22 所示。

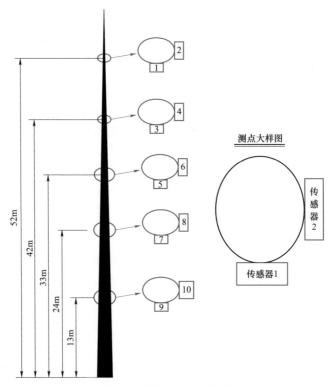

图 6-21 独柱避雷针测点布置图

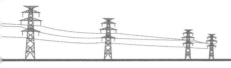

图 6-22　现场测验图

根据现场实际情况和安全负责人要求，在保证绝对安全的前提下由登高工作人员在吊车的帮助下将试验仪器安装在相应的位置，并且保证其牢固性，在一定的时间下由仪器自动记录相应数据保存至计算机。待达到时间要求后由登高作业人员取下仪器。经过数据的频谱分析，得出独柱式避雷针振动频率如图 6-23 所示。

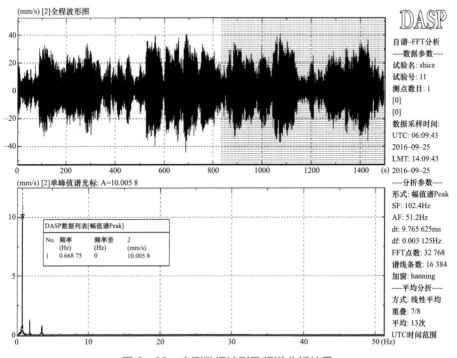

图 6-23　实测数据波形及频谱分析结果

由该图可以看出，独柱式避雷针的实测一阶固有频率为 0.66875Hz。

三、50m 构架避雷针测点布置及现场试验

根据 50m 构架避雷针的图纸，建立其理论分析模型，按照避雷针理论计算模型确定测点位置。自上而下对测点进行编号，构架式避雷针共布置 14 个测点，同一截面上的两测点之间相互垂直，测点布置图和现场试验如图 6－24、图 6－25 所示。

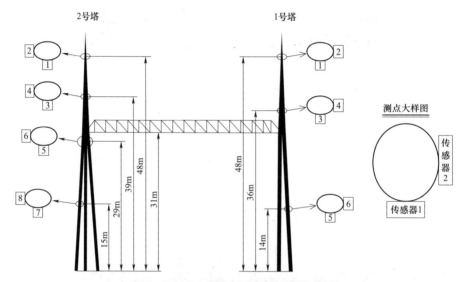

图 6－24　50m 构架避雷针测点布置图

图 6－25　50m 构架避雷针现场布置图

50m 构架避雷针的振动频率如图 6－26 所示。

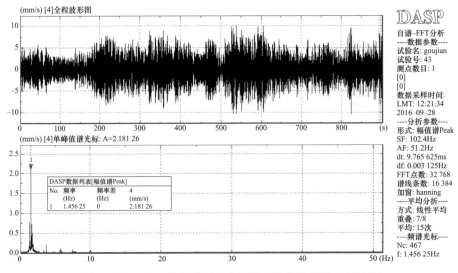

图 6－26　50m 构架避雷针实测数据波形及频谱分析结果

由图 6－26 可知，50m 构架避雷针的现场试验测得一阶固有频率为 1.45625Hz。

四、47m 构架避雷针测点布置及现场试验

根据 47m 构件避雷针的设计图纸，共布置 10 个测点，同一截面上的两测点之间相互垂直。测点布置图和现场试验图如图 6－27、图 6－28 所示。

经过实测数据的频谱分析，得到 47m 构架避雷针的自振频率如图 6－29 所示。

由图 6－29 可知，47m 构架避雷针的现场试验实测一阶固有频率为 1.563Hz。

五、理论分析

目前在结构力学研究领域内常用的数值模拟方法有有限元法、边界元法、离散单元法和有限差分法。有限元法是一种数值模拟方法，它的主要思想是把无限维空间转化成有限维空间，把连续型结构转变成离散型结构。其在许多领域上已经得到了广泛应用。由于结构的振动特性决定结构对于各种动力荷载的响应情况，所以在准备进行其他动力响应分析之前需进行模态分析。

167

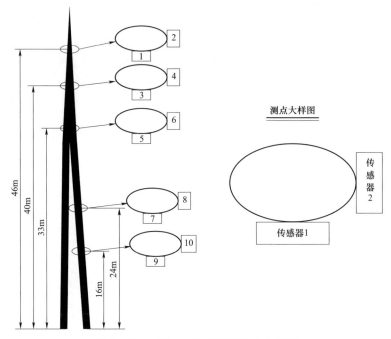

图 6-27　47m 构架避雷针测点布置图

图 6-28　47m 构架避雷针现场试验图

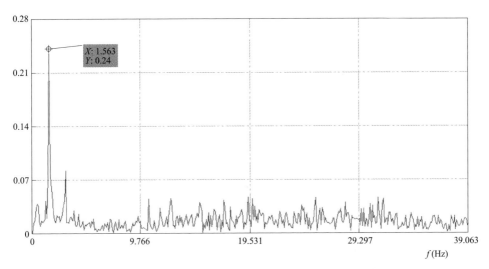

图6-29　47m构架避雷针现场实测数据频谱分析结果

对结构进行模态分析能够确定结构的固有频率和振型，使结构设计避免共振或以特定频率进行振动，使工程师可以认识到结构对于不同类型的动力荷载是如何响应的，有助于在其他动力分析中估算求解控制参数。模态分析是振动工程理论的一个重要分支，是研究结构动态特性的一种近代方法，是系统辨别方法在工程振动领域的应用。它的经典定义是将线性定常系统振动微分方程组中的物理坐标变换为模态坐标，使方程组解耦，成为一组以模态坐标及模态参数描述的独立方程，以便求出系统的模态参数。

其求解过程中要运用运动微分方程求解出模态方程，再将每个独立的模态方程按单自由度求解方法进行求解，然后进行模态的叠加。

1. 独柱避雷针有限元模型建立及模态分析

根据设计图纸建立独柱式避雷针的有限元模型，选择梁单元来进行避雷针有限元模型的建立。通过查阅已有资料，翻阅相关规范，确定避雷针的结构特点。由实际图纸确定节点位置，建立有限元模型，进行模态分析后得出其振型和固有频率。表6-1为其前十阶频率。

表6-1　　　　　　　　　独柱避雷针结构前十阶振型

模态阶数	自振频率（Hz）	振动特征
第一/二振型	0.715	避雷针沿 Y/X 轴弯曲
第三/四振型	1.794	避雷针沿 Y/X 轴弯曲
第五/六振型	3.536	避雷针沿 Y/X 轴扭转
第七/八振型	6.142	避雷针沿 Y/X 轴扭转
第九/十振型	9.615	避雷针沿 Y/X 轴扭转

对模态进行扩展，提取并整理各阶振型，得出其振型图。图 6-30 为独柱避雷针一/二阶振型图。

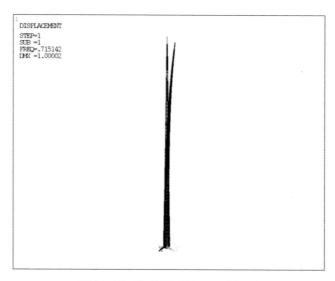

图 6-30　独柱避雷针一/二阶振型

对于独柱避雷针结构，X 和 Y 两个方向的频率完全相同。从前十阶模态频率可以看出，独柱避雷针结构模态分布相对分散，振型特征属于典型的高耸结构振型。有限元模型结构一/二阶和三/四阶频率分别为 0.715Hz 和 1.794Hz，与现场实测数据（一/二阶和三/四阶频率分别为 0.669Hz 和 1.726Hz）吻合较好，说明独柱避雷针有限元模型与实际结构基本一致，可以用于后续的风振时程分析计算。

2. 50m 构架避雷针有限元模型建立及模态分析

根据实际图纸，建立避雷针的有限元模型，进行模态分析得出其前十阶固有频率，见表 6-2。

表 6-2　　　　　　　　　单跨构架避雷针结构前十阶振型

模态阶数	自振频率（Hz）	振动特征
第一振型	1.406	二支撑上部避雷针沿 Y 轴弯曲
第二振型	1.509	二支撑上部避雷针沿 X 轴弯曲
第三振型	1.706	三支撑上部避雷针沿 X 轴弯曲
第四振型	1.721	三支撑上部避雷针沿 Y 轴弯曲
第五振型	2.235	横梁沿 X 轴弯曲，两根避雷针扭转

续表

模态阶数	自振频率（Hz）	振动特征
第六振型	2.679	三支撑上部避雷针沿 Y 轴扭转
第七振型	3.379	构架弯曲，两根避雷针沿 X 轴对称扭转
第八振型	3.594	二支撑上部避雷针 Y 轴扭转
第九振型	3.685	中间横梁扭转
第十振型	3.929	整体结构扭转

对模态进行扩展后，对各阶振型进行整理、提取，得出其振型图。50m 构架避雷针的前二阶振型图如图 6-31、图 6-32 所示。

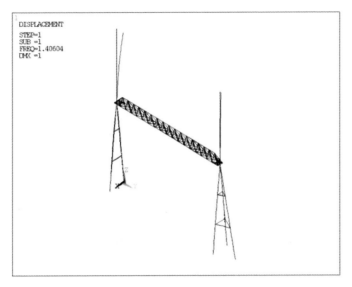

图 6-31　50m 构架避雷针第一阶振型

根据表 6-2 的结构自振频率和振动特征可知，左右两根避雷针以交替振动为主。其中，前十阶振型中，主要表现为各构件的局部振动，如一/二阶振型表现为二支撑上部避雷针弯曲振动，三/四阶振型表现为三支撑上部避雷针弯曲振动，五阶振型表现为横梁弯曲，并伴随着上部避雷针扭转，构架弯曲出现在第七阶振型，但是振动不明显，直到第十阶才发生较为明显的整体结构的振动，并表现为扭转振动。这说明对于单跨构架避雷针结构，构架上部的避雷针更易发生振动。二支撑避雷针一阶振型发生在平面内方向，证明其平面内刚度较弱，而三支撑避雷针刚好相反，这是由于端撑的存在，使得避雷针平面内刚度较大，故平面外振动早于平面内振动。

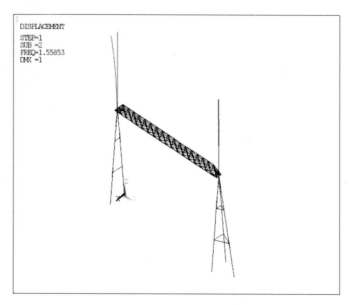

图 6-32 50m 构架避雷针第二振型

单跨构架避雷针结构有限元模型一阶频率为 1.406Hz，与现场实测数据 1.456Hz 吻合较好，说明单跨避雷针结构有限元模型与实际结构基本一致，可以用于后续的风振时程分析计算。

3. 47m 构架避雷针有限元模型建立和模态分析

进行模态分析得出 47m 构架避雷针前十阶固有频率，见表 6-3。

表 6-3 三跨构架避雷针结构前十阶振型

模态阶数	自振频率（Hz）	振动特征
第一振型	1.509	1 号、2 号横梁和 1 号、2 号避雷针沿 X 轴弯曲
第二振型	1.711	3 号横梁和 3 号、4 号避雷针沿 X 轴弯曲
第三振型	1.718	1 号、2 号、4 号避雷针沿 Y 轴弯曲
第四振型	1.743	构架弯曲，1 号、2 号、4 号避雷针沿 Y 轴对称弯曲
第五振型	1.744	1 号、2 号构架及避雷针沿 Y 轴对称弯曲
第六振型	1.904	1 号、2 号横梁及避雷针沿 X 轴对称弯曲
第七振型	1.934	构架弯曲，3 号避雷针沿 Y 轴弯曲
第八振型	2.240	1 号、2 号、3 号、4 号避雷针沿 X 轴对称弯曲
第九振型	2.342	1 号、2 号、3 号、4 号避雷针沿 X 轴对称弯曲
第十振型	2.401	横梁扭转，避雷针沿 X 轴对称弯曲

注 结构从左到右避雷针编号为 1 号避雷针、2 号避雷针、3 号避雷针和 4 号避雷针，从左到右横梁编号为 1 号横梁、2 号横梁和 3 号横梁。

对避雷针的模态进行扩展后，整理并提取其各阶振型，47m 构架避雷针的前六阶部分振型图如图 6-33～图 6-35 所示。

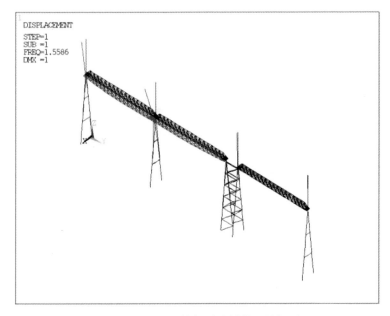

图 6-33　47m 构架避雷针第一阶振型

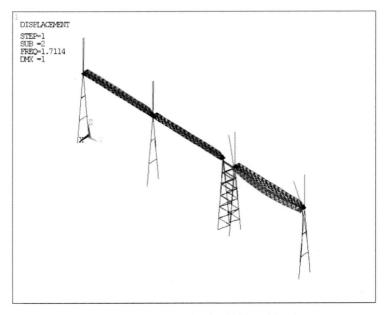

图 6-34　47m 构架避雷针第二阶振型

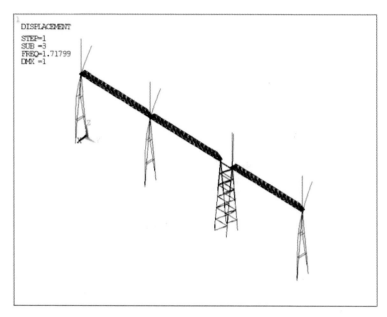

图 6-35　47m 构架避雷针第三阶振型

　　根据表 6-3 的结构自振频率和振动特征可知,三跨构架避雷针结构自振频率较为密集,由于构件较多,每个振型均包含多个构件的振动。需要注意的是,三跨结构横梁截面尺寸、结构形式与单跨结构完全相同,但横梁振动基频为 1.509Hz,与单跨结构中间横梁振动基频 2.235Hz 相比要小得多,这主要是因为相比单跨结构,三跨结构横梁位置较高,下部人字柱构架刚度相对较弱,造成构架对横梁平面外的约束相对较小。另外,前几阶振型中,3 号避雷针振动幅度很小,并且 3 号避雷针底部构架的弯曲直到第十阶振型才出现,这主要是由于 3 号避雷针底部构架设有很多横撑,属于整体结构的刚度加强区域。整体结构前两阶振型都是避雷针和横梁沿平面外振动,证明结构平面外的刚度要弱于平面内的刚度。

　　三跨构架避雷针结构有限元模型一阶频率为 1.509Hz,与现场实测数据 1.563Hz 吻合较好,说明三跨结构有限元模型与实际结构基本一致,可以用于后续的风振时程分析计算。

　　针对三种形式的避雷针,根据理论分析结果制订试验方案,采用基于环境随机振动的脉动法对避雷针的动力特性进行现场测试。基于三种形式的避雷针设计图纸,运用有限元软件建立其有限元模型,对避雷针的动力特性进行理论分析。得到如下结论:

　　(1)通过对避雷针的测试数据进行频谱分析,得到三种避雷针的一阶固有

频率。其中独柱式避雷针一阶固有频率为 0.669Hz；50m 构架避雷针一阶固有频率为 1.456Hz；47m 构架避雷针一阶固有频率为 1.563Hz。从避雷针的基频值可以看出，这种圆管形构架避雷针长细比大、自重轻、刚度小，是典型的风敏感结构，容易在风荷载作用下发生风致振动。

（2）对三种避雷针的自振特性进行理论分析，得到其一阶固有频率。得出其中独柱式避雷针一阶固有频率计算值为 0.749Hz；50m 构架避雷针一阶固有频率为 1.310Hz；47m 构架避雷针一阶固有频率计算值为 1.630Hz。对比三种避雷针一阶固有频率的实测值可以发现，避雷针自振频率的理论值与实测值吻合较好。说明理论分析模型在质量分布、刚度分布、边界条件等方面与实际结构一致，所建立的分析模型可用于避雷针的风致振动理论分析。

（3）50m 构架避雷针在 *YOZ* 平面内振型的出现先于 *XOZ* 平面内振型，即避雷针在构架平面外的刚度要小于构架平面内的刚度，说明在风荷载作用下该类型避雷针更易于发生风来流方向的横向（构架平面外）振动。

第三节　避雷针风致振动响应的分析

在风荷载作用下，高耸避雷针结构可能会产生三种风振响应，分别为顺风向响应、横风向响应和扭转响应。由于避雷针结构质量中心和刚度中心基本重合，故扭转效应一般可以忽略不计。顺风向响应在结构风振响应中占主要部分，主要由平均风的静力作用和脉动风的动力作用引起，同时也是结构设计中必须考虑的效应。横风向风振响应机理较为复杂，至今尚无成熟的理论分析方法，一般认为横风向振动的诱因分为尾流旋涡脱落、来流紊流和横风向气动阻尼力。

结构在风荷载作用下的动力效应分析主要有两种方法：频域分析法和时域分析法。时域分析法采用直接求解结构的运动微分方程来获取结构振动的响应时程，由于时域法可以考虑结构的非线性特征，全面地了解结构在随机风荷载作用下的动力响应状况，所以本文采用时域分析法求解避雷针结构的风振动力响应，时程计算采用隐式的 Newmark 直接积分法进行。

时程分析计算中，本文所加风载为包括平均和脉动风载的完整风荷载。时程响应计算总时长为 600s，时间步长为 1/9s，为消除突风效应的影响，所有计算均去除掉前 60s 时程点的响应。子步荷载采用斜坡荷载，荷载子步取 4 步，

即 $\Delta t = 1/36s$。为保证计算的精度，这里采用 $0.5\Delta t$ 的时间积分步长进行对比计算。结果表明，$0.5\Delta t$ 和 Δt 时间步长得到的计算结果基本一致，这也说明计算中所考虑的时间步长是合理的。

结构的阻尼对于结构的风振影响很大，然而结构阻尼的确定机理非常复杂，它与结构本身的材料特性、结构各个构件之间的连接方式、结构本身的自振频率和振型、周围环境介质的特性以及外部荷载作用等有关。结构的阻尼矩阵表示方法有很多种，但一般都采用瑞利阻尼形式，即

$$[C] = \alpha[M] + \beta[K] \qquad (6-1)$$

式中　α——质量阻尼系数；

　　　β——刚度阻尼系数。这两个阻尼系数可以分别通过下列两式确定。

$$\alpha = \frac{2\omega_i\omega_j(\xi_i\omega_j - \xi_j\omega_i)}{\omega_j^2 - \omega_i^2} \qquad (6-2)$$

$$\beta = \frac{2(\xi_j\omega_j - \xi_i\omega_i)}{\omega_j^2 - \omega_i^2} \qquad (6-3)$$

式中　ω_i、ω_j——结构的第 i 阶和第 j 阶的固有频率；

　　　ξ_i、ξ_j——结构第 i 阶和第 j 阶的振型阻尼比。此处取 $i=1$、$j=2$ 即对应于结构的前两阶频率，钢结构的阻尼比通常取 1%或者 2%，为研究阻尼对避雷针结构的风振响应影响，分别取 1%（基本工况）和 2%两种结构阻尼比来进行风振响应分析。

由于不同风向角对于结构的风振也具有一定的影响，且一般会存在一个最不利风向角，为考虑风向角对单跨及三跨构架避雷针结构风振响应及风振系数的影响，本文在对其进行风振响应计算时选取了 0°、45°、60° 和 90° 共四种风向典型工况，其中 0° 风向为平行于构架横梁方向，90° 风向为垂直于构架横梁方向。0° 风向下横梁一般认为不受风荷载作用，随着风向角的增大，构架横梁上所受风荷载越来越大，到 90° 风向时，横梁上的风荷载达到最大。

1. 独柱避雷针结构风振响应

通过时程分析计算，可以得到结构各个节点的位移时程，现取独柱避雷针结构顶部节点，列出了其位移时程曲线如图 6−36 所示。

为消除突风效应的影响，本文以后所有计算均去除掉前 60s 时程点的响应，则独柱避雷针顶部节点位移时程曲线及其功率谱曲线如图 6−37 所示。

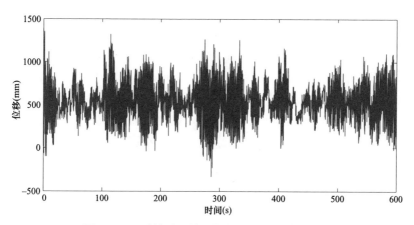

图 6-36　独柱避雷针顶部节点处位移时程曲线

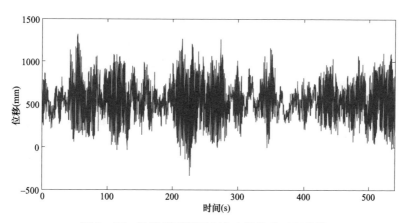

图 6-37　独柱避雷针顶部节点处位移时程曲线

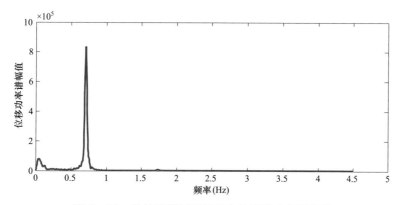

图 6-38　独柱避雷针顶部节点处位移功率谱曲线

图 6-38 为独柱避雷针顶部节点处位移功率谱曲线，可以看出，得到独柱避雷针结构顺风向风振响应以该方向的第一阶振型为主，结构将会有比较明显的共振响应，并且共振分量远大于背景分量，结构总脉动响应以共振响应为主。

时程响应分析中，每个响应均有多个特征值，如均值（Mean）、根方差（Rms）、最值（时程计算中的最大值 Max 或者最小值 Min）以及用于结构设计的包括一定保证率的极值（Extreme）等。极值的确定一般采用下式进行计算

$$Extreme = mean \pm g \times Rms \qquad (6-4)$$

式中　g——峰值因子，对于工程结构，g 的取值一般为 3.5～5.5，此处 g 的取值为 3.5。

独柱避雷针的位移、弯矩、剪力极值及时程响应的最值如图 6-39～图 6-41所示。

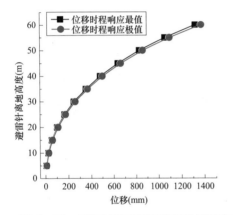

图 6-39　位移时程响应极值和最值对比

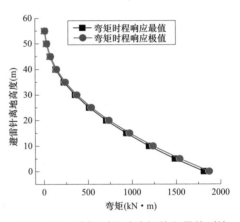

图 6-40　弯矩时程响应极值和最值对比

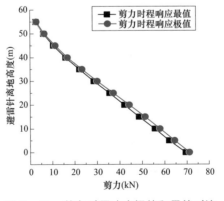

图 6-41　剪力时程响应极值和最值对比

由上图可知，独柱避雷针各个高度处位移、弯矩及剪力响应的极值和相对应的时程响应中的最值基本相等，极值稍稍大于时程响应中的最值，说明峰值因子 $g=3.5$ 取值是恰当的。避雷针由底往上，位移不断增大，而弯矩和剪力都在不断减小，弯矩和剪力的最大值均出现在避雷针的根部。

结构设计中，风振系数常用来表示结构对脉动风载的放大作用，即通过静力荷载乘以该系数得到结构等效的静力风荷载。目前，国际上针对高耸建筑结构的风振效应提出了多种风振系数分析方法，但在变电站避雷针结构中进行应用仍然没有统一的认识。因此，此处选择基于 Davenport 提出的阵风荷载因子法来计算风振系数，风振系数 β 定义为结构峰值响应与平均响应的比值

$$\beta = \frac{\hat{y}}{\bar{y}} = 1 \pm \frac{g\sigma_y}{\bar{y}} = 1 + \left|\frac{g\sigma_y}{\bar{y}}\right| \quad （6-5）$$

式中　$\hat{y}$——峰值响应，包含静力和动力风致响应的总响应；

g——峰值因子，同样取值为 3.5；

σ_y——响应的根方差值；

$\bar{y}$——响应的均值。

事实上，由于阵风荷载因子法表示两个数据的比值，如果选取的响应均值偏小，就会得到偏大甚至完全不合常理的风振系数值。并且，实际应用中选用位移风振系数来计算弯矩和剪力时其本身也会有一定的差异。综合考虑，本文列出了避雷针结构的位移、弯矩和剪力风振系数，并将它们进行对比，为类似结构的风振系数取值提供参考。

独柱避雷针结构各个高度处的位移、弯矩和剪力风振系数如图 6-42～图 6-44 所示。

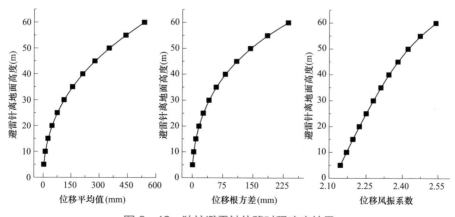

图 6-42　独柱避雷针位移时程响应结果

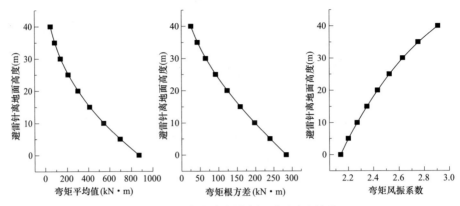

图 6-43　独柱避雷针弯矩时程响应结果

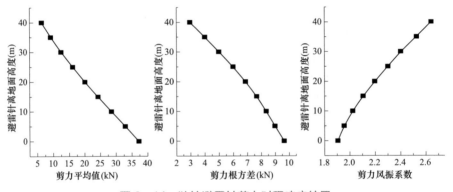

图 6-44　独柱避雷针剪力时程响应结果

由图 6-42～图 6-44 可知，随着避雷针截面离地高度的增加，位移、弯矩和剪力风振系数都在不断增大。图 6-42～图 6-44 中的弯矩风振系数和剪力风振系数只列出了避雷针 40m 以下的数据，40m 以上区域的风振系数很大，但因其弯矩和剪力的均值较小，风振系数的数值已无实际意义，故没有给出。工程应用中，对于位移风振系数，往往更关注结构顶部的结果；对于弯矩和剪力风振系数，往往更关注结构底部的结果。本文同时给出了避雷针顶部的位移风振系数值和底部的弯矩、剪力风振系数值，结果见表 6-4。

表6-4　　　　　　　　　　独柱避雷针结构三种风振系数对比

风振系数分类	位移风振系数	弯矩风振系数	剪力风振系数
风振系数值	2.54	2.14	1.91

由上表风振系数结果可知，顶部位移风振系数＞底部弯矩风振系数＞底部剪力风振系数。另外，这三者风振系数的差异还是较为明显的，说明不同响应的风振效应是不同的，应该针对不同的响应取不同的风振系数。

2. 单跨构架避雷针结构风振响应

现取单跨结构二支撑及三支撑避雷针顶点处的节点，列出其在 90°风向角下的位移时程曲线及其功率谱曲线，如图 6-45、图 6-46 所示。

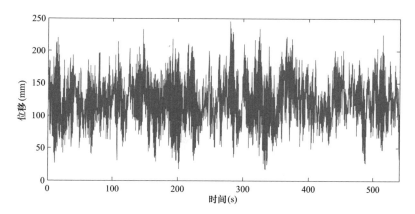

图 6-45　90°风向角下二支撑避雷针顶部节点位移时程曲线

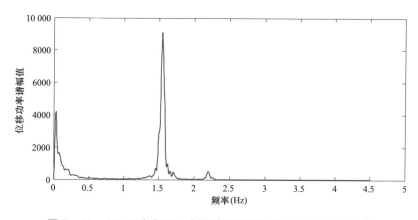

图 6-46　90°风向角下二支撑避雷针顶部节点位移功率谱曲线

从图 6-47 可以看出，单跨构架避雷针结构顺风向风振响应与独柱避雷针类似，也以该方向的第一阶振型为主，有比较明显的共振响应，并且共振分量与背景分量基本相当，90°方向二阶振动的共振效应已经可以忽略，如图 6-48~图 6-50 所示。

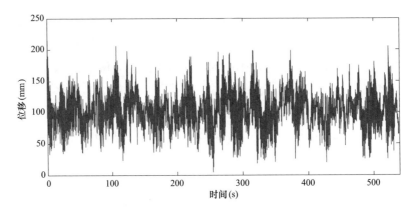

图 6-47　90°风向角下三支撑避雷针顶部节点位移功率谱曲线

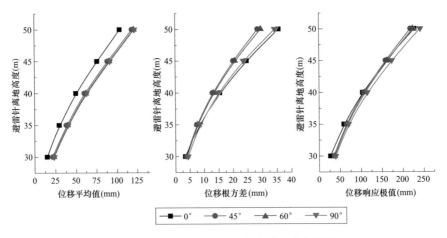

图 6-48　二支撑避雷针位移时程响应结果

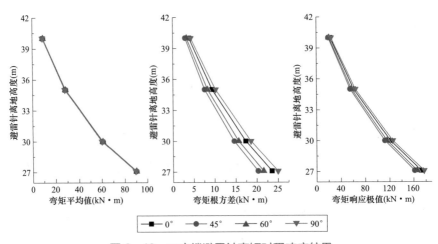

图 6-49　二支撑避雷针弯矩时程响应结果

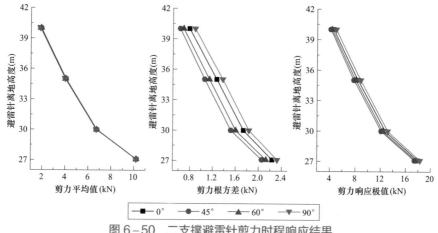

图 6-50　二支撑避雷针剪力时程响应结果

由图 6-50 可知，二支撑避雷针 0°风向下的位移均值要明显小于 45°、60°和 90°风向下的位移均值结果，而四种风向下的弯矩和剪力均值则相等。这是由于 0°风向下，整体结构只有构架及避雷针上作用有风荷载，横梁因与风向平行故没有风荷载，而在其他三种风向下，构架、避雷针和中间横梁上均作用有风荷载，故尽管 0°风向为二支撑避雷针一阶振型方向（刚度较弱），其位移均值仍然小于其他三种风向下的结果。四种风向下避雷针上作用的荷载都是一致的，故其上的弯矩和剪力平均值是相等的。

0°和 90°风向下根方差结果较为接近，0°风向结构基频较低，90°风向荷载脉动性较大，结构刚度和荷载的共同作用使得两种风向下根方差结果十分接近。

对于结构响应极值，90°风向下的位移、弯矩和剪力响应极值结果均略大于其他三种风向下所对应的结果，故 90°风向是结构受力最为不利的工况。

二支撑避雷针不同风向角下的位移、弯矩、剪力风振系数如图 6-51 所示。

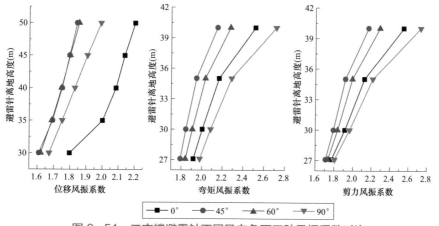

图 6-51　二支撑避雷针不同风向角下三种风振系数对比

由图 6-51 可知，随着避雷针离地高度的增加，位移、弯矩和剪力风振系数都在不断增大。位移风振系数 0° 风向最大，90° 风向次之，45° 和 60° 风向最小。四种风向中 0° 风向位移根方差最大，但其 0° 风向的位移均值太小，故 0° 风向较大的风振系数并无实际意义，90° 风向依然是其最不利风向。对于弯矩和剪力的风振系数，由于各个风向下的均值相等，而根方差结果的大小关系为 90°＞0°＞60°＞45°，故风振系数随风向角的变化规律也为 90°＞0°＞60°＞45°。90° 风向下二支撑避雷针顶部的位移风振系数和底部的弯矩、剪力风振系数值见表 6-5。

表 6-5　　　　　二支撑避雷针结构 90° 风向下三种风振系数对比

风向角	位移风振系数	弯矩风振系数	剪力风振系数
90°	1.99	1.98	1.80

由表 6-5 可知，90° 风向下二支撑避雷针顶部位移风振系数与避雷针底部弯矩风振系数一致，均大于结构底部剪力风振系数。与独柱避雷针结构相比，二支撑避雷针结构三种风振系数值均相对较小，这是由于独柱避雷针结构基频较低，共振效应更为显著。《变电站建筑结构设计技术规程》中规定此类避雷针结构风振系数取值 2.0，由结果可知，取值对本结构是较为合理的。

三支撑避雷针结构在 0°、45°、60° 和 90° 风向角下的位移、弯矩和剪力时程响应结果如图 6-52～图 6-54 所示。

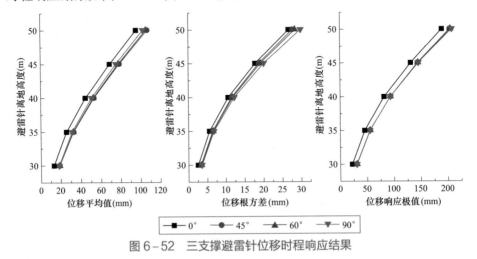

图 6-52　三支撑避雷针位移时程响应结果

由图 6-52～图 6-54 可知，三支撑避雷针 0° 风向下的位移均值同样明显小于 45°、60° 和 90° 风向下的位移均值结果。这是由于 0° 风向下，整体结构

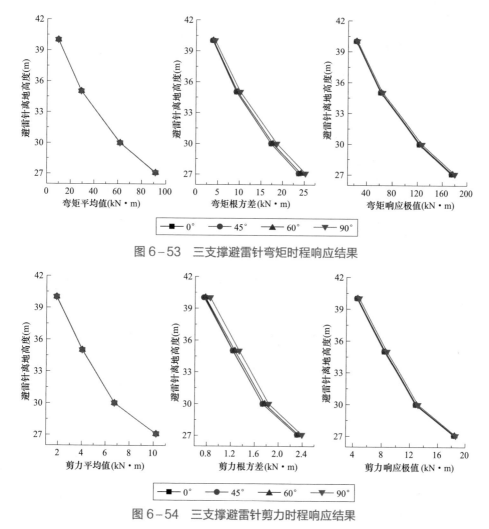

图6-53　三支撑避雷针弯矩时程响应结果

图6-54　三支撑避雷针剪力时程响应结果

只有构架及避雷针上作用有风荷载，而在其他三种风向下，构架、避雷针和中间横梁上均作用有风荷载，也即0°风向下风荷载较小，同时结构在0°风向下的刚度也略大于90°风向，所以0°风向的位移均值最小。另外，不同风向下避雷针弯矩和剪力均值仍是一致的，这是因为四种风向下避雷针上作用的风荷载完全相同，且内力均值只与避雷针上的荷载有关，与横梁和下部构架荷载无关。

对于脉动响应，由于三支撑避雷针一阶频率（平面外方向）和二阶频率（平面内方向）分别为1.706Hz和1.721Hz，脉动风作用下其共振效应在总脉动分量中的权重有限，荷载的背景效应对各响应的贡献较大，加之上一段对各响应均值在不同风向角下规律的描述，故弯矩和剪力根方差结果规律一致，四种风向下结果差别不大，只是0°风向下位移根方差结果小于其他三种风向下的结果。

对于结构响应极值，90°风向下的位移、弯矩和剪力响应极值结果均略大于其他三种风向下所对应的结果，故90°风向同样是三支撑避雷针结构受力最不利工况。

三支撑避雷针不同风向角下的位移、弯矩、剪力风振系数如图6-55所示。

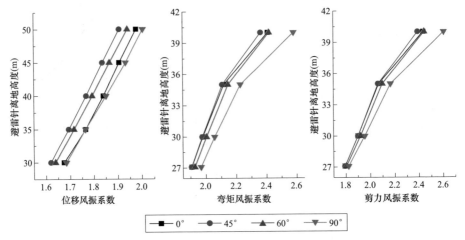

图6-55　三支撑避雷针不同风向角下三种风振系数对比

由图6-55可知，随着避雷针离地高度的增加，位移、弯矩和剪力风振系数都在不断增大。无论是位移、弯矩还是剪力风振系数，90°风向下的风振系数值均要大于其他三种风向下的风振系数结果。90°风向下三支撑避雷针顶部的位移风振系数和底部的弯矩、剪力风振系数值见表6-6。

表6-6　　　　　三支撑避雷针结构90°风向下三种风振系数对比

风向角	位移风振系数	弯矩风振系数	剪力风振系数
90°	2.00	1.97	1.82

根据表中数据可知，90°风向下三支撑避雷针顶部位移风振系数与避雷针底部弯矩风振系数基本一致，均大于结构底部剪力风振系数。三支撑避雷针与二支撑避雷针结构在90°风向下三种风振系数结果基本相等，这是由于与二支撑避雷针相比，三支撑避雷针结构90°风向下侧弯刚度略大，各节点均值响应和脉动响应值均有所减小，且二者减小幅度相当，故其三种风振系数结果与二支撑避雷针相比基本相等。

3. 三跨构架避雷针结构风振响应

同样通过时程计算，得到三跨构架避雷针结构各个节点的位移时程。限于篇幅，现取2号避雷针顶部的节点，列出了它在90°风向角下的位移时程曲线及其功率谱曲线，如图6-56、图6-57所示。

由图 6-56 和图 6-57 可以看出，得到三跨构架避雷针结构顺风向风振响应也以该方向的第一阶振型为主，结构共振响应分量小于背景响应分量，90°风向后几阶振动的共振效应可以忽略。

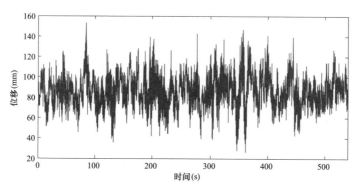

图 6-56　90°风向角下 2 号避雷针顶部节点处位移时程曲线

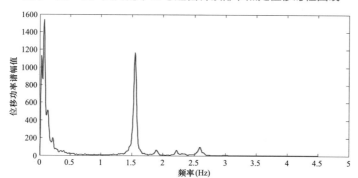

图 6-57　90°风向角下 2 号避雷针顶点处位移功率谱曲线

三跨构架避雷针结构在 0°、45°、60° 和 90° 风向角下各避雷针的位移时程响应如图 6-58～图 6-61 所示。

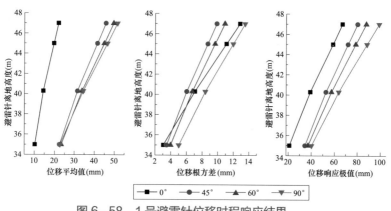

图 6-58　1 号避雷针位移时程响应结果

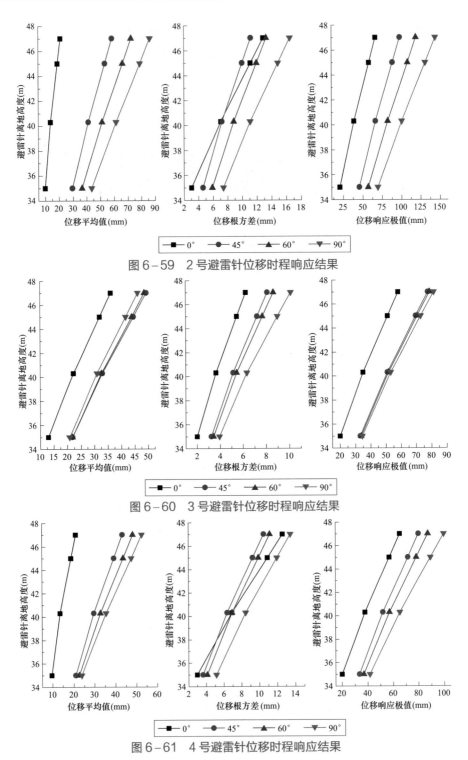

图6-59　2号避雷针位移时程响应结果

图6-60　3号避雷针位移时程响应结果

图6-61　4号避雷针位移时程响应结果

由图 6–59～图 6–61 可知，随着风向角的增大，四根避雷针的位移均值变化规律基本一致，0°风向的位移均值远小于其他三种风向的位移均值。这主要是由于 0°风向（平面内方向）结构刚度更大，并且整体结构在 0°风向受力时，横梁上并未作用风荷载，不会对构架有荷载传递。

与 3 号避雷针相比，1 号、2 号和 4 号避雷针 0°风向位移均值更小，主要是由于 1 号、2 号和 4 号避雷针下部人字柱构架刚度相对较小所引起的，如图 6–62（a）和（b）所示，在结构上部作用荷载，下部结构会产生反向位移，同理在结构下部作用荷载，上部结构会产生反向位移。3 号避雷针结构下部人字柱构架刚度相对较大，如图（c）和（d）所示，为便于阐述，可近似视为无限大，故 0°风向加载时，上部避雷针与其他三根避雷针相比位移均值较大。

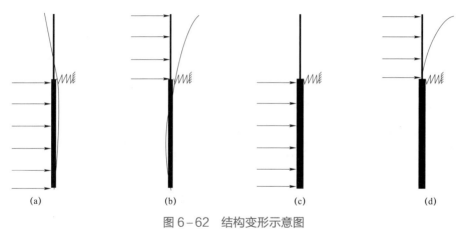

图 6–62 结构变形示意图

90°风向下 2 号避雷针位移均值最大，1 号和 4 号避雷针次之，3 号避雷针位移均值最小。这是因为 2 号避雷针与 1 号和 4 号避雷针相比，尽管三者 90°风向下结构刚度相等，但横梁传递到 2 号避雷针底部平台位置处的荷载更大；2 号避雷针与 3 号避雷针相比，90°风向下横梁传递到平台位置处的荷载类似，但 3 号避雷针下部构架刚度更大，故其位移均值最小。四根避雷针在各风向下的弯矩、剪力均值基本相等，这是因为四根避雷针上各风向下作用的风载基本相同，横梁传递到平台位置处的风载并不会影响上部避雷针的内力均值结果。

四根避雷针 90°风向的位移（弯矩、剪力）根方差都是最大的，证明其 90°风向是结构刚度较为薄弱的方向，这与前面模态分析时得到的四根避雷针一阶振型全部沿平面外方向 90°风向振动的结论是一致的。

189

对于结构响应极值而言，四根避雷针 90°风向的结果都要大于其他三种风向的结果（这里仅列出了四根避雷针位移极值响应，弯矩和剪力极值响应与位移极值响应规律一致，故这里并不再列出），证明 90°风向是结构受力最为不利的工况。整体结构在 90°风向下受风载作用时，2 号避雷针结构响应极值结果略大于其他三根避雷针结构响应极值，证明 2 号避雷针是三跨构架避雷针结构中受力较为不利的。

第四节　避雷针结构风致疲劳分析

避雷针均由薄壁圆筒组成，其截面应力在风荷载作用下发生不断变化，有可能发生圆筒的疲劳破坏。在风荷载作用下圆筒截面的应力不会达到材料的屈服强度，圆筒疲劳的分析使用名义应力法。

对于避雷针圆筒而言，不同厚度横向对接焊缝附近的主体金属，焊缝加工成平滑过渡并符合一级焊缝标准的连接，在《钢结构设计规范》中将该种连接类别归结为第二类，并给出了常幅疲劳计算公式的相关参数。可知 $C = 861 \times 10^{12}$，$m = 4$，则 $S - N$ 曲线表达式为

$$\lg N = 14.935 - 4\lg S \tag{6-6}$$

本节只计算在设计风速下不同位置处圆筒的疲劳损伤值，得出易发生疲劳破坏的位置。

1. 避雷针结构时域内疲劳计算步骤

结构实时疲劳损伤的计算，可以将整个时程以分钟为单位分段，根据识别出来的风荷载计算出每个时段内构件风致累积疲劳效应。

避雷针结构的风振响应计算可以采用前面章节的方法进行。

避雷针时域内的疲劳分析方法可以分为以下几个步骤：

（1）根据避雷针结构所在地气象资料，统计得到各方向出现风的概率及各平均风的风速分布。

（2）根据风谱及避雷针结构各点的坐标进行风荷载模拟，求出不同方向不同平均风速作用于避雷针结构上各点的风荷载。

（3）对避雷针结构在各风荷载作用下进行时域内的非线性分析，求得各关键点的应力时程曲线。

（4）根据应力时程曲线，由雨流计数法统计不同应力幅下的循环次数。

（5）对各关键点不同风速、不同风向的应力幅值与应力循环次数进行累

加，求得总作用时间内的应力幅值与相应应力循环次数。

（6）根据 $S-N$ 曲线和线性疲劳累积损伤理论，求出结构的疲劳寿命。

2. 单跨构架避雷针圆筒风振疲劳分析

上文已对梁单元有限元模型进行动力时程计算，圆筒疲劳损伤值的计算需使用上文梁单元模型动力时程计算所得的应力时程。

由于圆筒为全对称结构，无需考虑风向角对圆筒应力的影响。通过应力时程曲线可知，避雷针底部应力最大，但是为了避免加劲肋对圆筒应力产生影响，本次计算圆筒疲劳选取的位置在避雷针底部法兰上方 0.5m 处，该位置距离地面高度为27.8m，如图6-63所示。

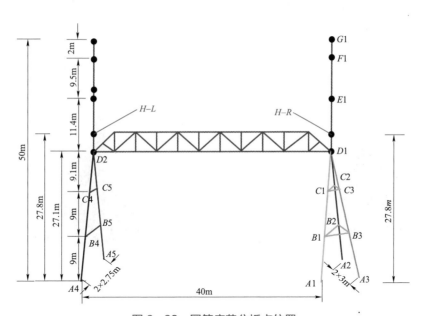

图6-63　圆筒疲劳分析点位置

图6-63中 $H-L$ 表示二支撑避雷针圆筒疲劳分析点，$H-R$ 表示三支撑避雷针圆筒疲劳分析点。两点的应力时程曲线如图6-64、图6-65所示。

由于突风效应的影响，应除去前15s应力时程。采用雨流计数法对上述应力时程进行统计，得到多个应力幅值（一个应力时程循环内应力最大点与最小点差的一半）和均值（一个应力循环内应力最大点与最小点和的一半）及每个应力幅值和均值的循环次数，如图6-66~图6-69所示。

191

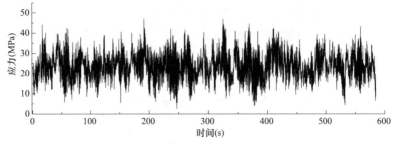

图 6-64　*H-L* 位置应力时程曲线

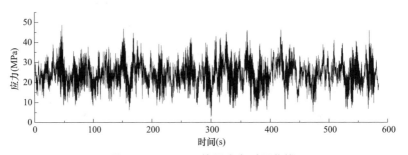

图 6-65　*H-R* 位置应力时程曲线

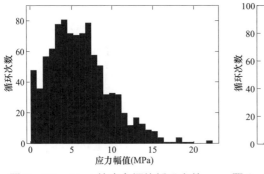

图 6-66　*H-L* 处应力幅值循环次数

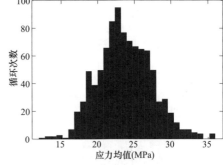

图 6-67　*H-L* 处圆筒应力均值循环次数

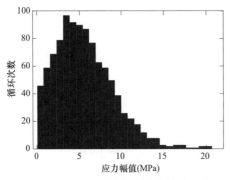

图 6-68　*H-R* 处应力幅值循环次数

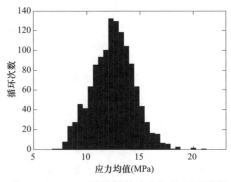

图 6-69　*H-R* 处圆筒应力均值循环次数

根据上述应力均值和幅值的循环次数，通过线性疲劳累积损伤理论和 $S-N$ 曲线，计算出避雷针圆筒在 42m/s 风速作用下的疲劳损伤值，见表 6-7。

表 6-7 一年内单跨构架避雷针风荷载作用下不同位置处圆筒疲劳损伤统计

平均风速（m/s）	不同位置	总损伤	弯矩风振系数
42	$H-L$（二支撑避雷针圆筒疲劳分析点）	3.64×10^{-4}	2.012
	$H-R$（三支撑避雷针圆筒疲劳分析点）	3.15×10^{-4}	2.009

由表 6-7 计算结果可以看出，$H-L$ 处（即二支撑避雷针疲劳分析点）较 $H-R$ 处（即三支撑避雷针疲劳分析点）更易发生疲劳破坏。

从模态分析可以得出，二支撑避雷针在第二阶振型时发生了 90° 风向角方向的振动，此时频率为 1.505Hz；三支撑避雷针在第三阶振型时发生了 90° 风向角方向的振动，此时频率为 1.704Hz。二支撑避雷针在 90° 风向角方向的基频小于三支撑避雷针，90° 风向角时二支撑避雷针的共振效应要高于三支撑避雷针，而且该位置处二支撑避雷针的弯矩风振系数略大于三支撑避雷针，因此二支撑避雷针圆筒疲劳损伤值略大于三支撑避雷针。下文疲劳损伤值大小情况与本处类似，不再一一进行解释。

该表中所示疲劳损伤值为 1 年内 42m/s 风速产生的风荷载作用在避雷针上造成的疲劳损伤，但是 42m/s 为 50 年一遇风速，现实情况中，一年内不会一直发生该种风速，此结果只能找出更容易发生疲劳破坏的位置。

运用线性疲劳累积损伤理论可以计算出，在 42m/s 风速作用下，可知在使用年限内圆筒不会发生疲劳破坏。

第五节 局部精细化实体模型的风振疲劳分析

在实际工程中圆筒之间依靠的是法兰盘－螺栓连接方式。在避雷针发生断裂倒塌时伴随着高强螺栓的破坏，而在由梁单元建立的模型中无法考虑高强螺栓上的预紧力。由于本章研究高强螺栓的疲劳损伤情况，故需建立局部精细化实体模型来进行有限元计算。

一、局部精细化实体模型的建立及预紧力的确定

为了达到计算要求，该模型将采用粗细过滤网格，在不同的位置处采用不同的网格尺寸。由于该模型着重考虑螺栓应力集中处的受力情况，且螺栓应力

最大的位置在第一阶螺纹处，因此这里对第一阶和第二阶螺纹进行了加密，其余地方网格采用默认精细程度，如图 6-70 所示。

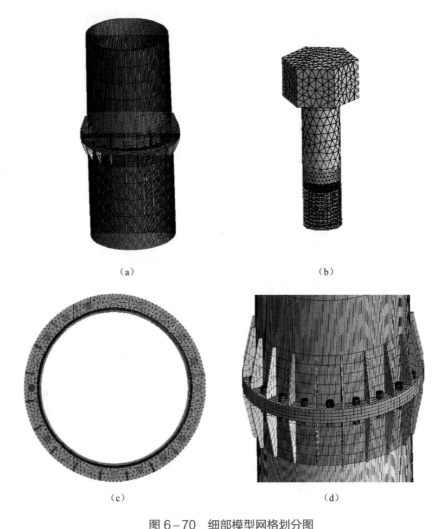

（a）

（b）

（c）

（d）

图 6-70　细部模型网格划分图

（a）整体结构网格划分图；（b）螺栓网格划分图；（c）法兰盘俯视图；（d）法兰盘正视图

建立有限元模型时，需设置各个构件之间的接触方式。为了便于计算，将螺母和螺杆组合为一体，法兰盘之间设置为摩擦接触，其中摩擦系数为 0.2，并采用增强拉格朗日法进行计算。螺帽与法兰盘之间的接触关系可以设置为绑定接触。

合理模拟高强螺栓的预紧力是正确分析连接件受力过程的前提。高强螺栓

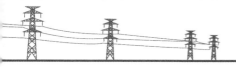

预紧力矩 T 的计算，一般结合扭矩系数 k、螺纹公称直径 d 和螺栓预紧力 P 来求得，其公式为

$$T = k \times d \times P \tag{6-7}$$

式中扭矩系数 k 反映螺栓扭矩和预紧力的关系，其取值影响构件连接的质量。为了简化计算 k 值，一般近似取 0.2。通过查询文献可知，预紧扭矩 $T = 220\text{N} \cdot \text{m}$。

二、单跨构架避雷针底部法兰盘高强螺栓风振疲劳分析

在对螺栓进行有限元计算时需考虑螺栓材料的弹塑性。螺栓材料的应力－应变关系可按双线性随动强化模型来考虑，屈服前螺栓的弹性模量为 $2.06 \times 10^5\text{MPa}$，屈服后材料弹性模量为屈服前的 1/20。本构模型由线弹性段和强化段组成，材料达到屈服前，应力－应变关系为一条斜率为 E 的直线；材料达到屈服后，进入塑性强化阶段，塑性段是一条斜率 $E_t = 0.05E$ 的直线。该模型适用于有明显强化的材料，螺栓材料满足此条件，可以用该模型进行有限元分析和应力计算。

本节对单跨构架避雷针中二支撑避雷针和三支撑避雷针底部法兰盘高强螺栓进行疲劳分析，该法兰盘距离地面距离为 27.3m，如图 6－71 所示。

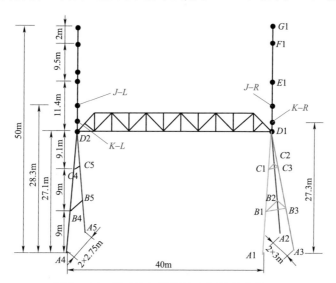

图 6－71　单跨构架避雷针底部法兰盘位置

图 6－71 中 $K-L$ 位置为二支撑避雷针底部法兰，$K-R$ 位置为三支撑避雷针底部法兰，已知法兰盘上方有 1m 长圆筒，$J-L$ 表示与二支撑避雷针底部法

兰相连的圆筒顶部截面，$J{-}R$ 表示与三支撑避雷针底部法兰相连的圆筒顶部截面。上文已对单跨构架避雷针的梁单元模型进行了动力时程计算，分别得到了两个截面的剪力和弯矩时程，如图 6–72、图 6–73 所示。

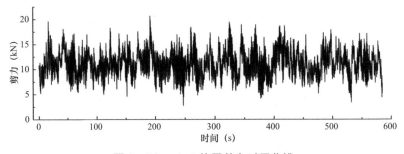

图 6–72　$J{-}L$ 位置剪力时程曲线

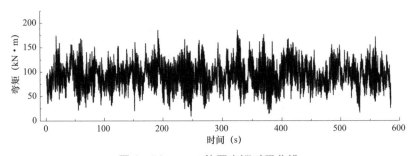

图 6–73　$J{-}L$ 位置弯矩时程曲线

　　两根避雷针底部法兰中法兰盘上有 20 个 8.8 级 M20 螺栓。已知其预紧扭矩 $T = 220\mathrm{N} \cdot \mathrm{m}$，使用上文公式（6–7）计算预紧力为 50kN，符合前述范围要求。

　　如图 6–73 所示，选取 60～120s 的剪力和弯矩时程，作为外荷载施加在圆筒顶部截面上，而圆筒顶部截面上方避雷针的重量被视为轴力直接作用在该截面上。

　　选取第一阶螺纹应力最大点为疲劳分析点，图 6–74、图 6–75 为高强螺栓应力最大点 1min 应力时程曲线。

　　用雨流计数法对上述应力时程进行统计，得出多个应力幅值和均值及其相应的循环次数，如图 6–76、图 6–77 所示。

　　计算出在 42m/s 风速作用下避雷针底部法兰盘高强螺栓的疲劳损伤值，见表 6–8。

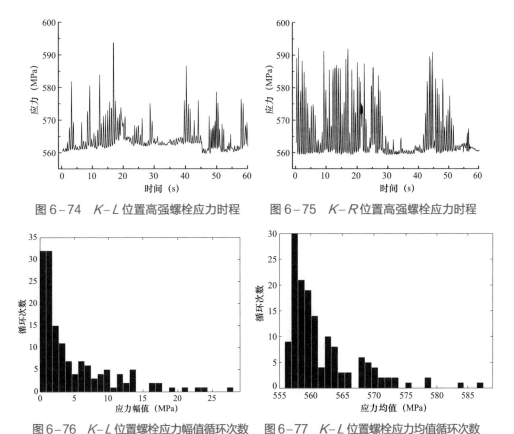

图6-74　*K-L*位置高强螺栓应力时程　　图6-75　*K-R*位置高强螺栓应力时程

图6-76　*K-L*位置螺栓应力幅值循环次数　图6-77　*K-L*位置螺栓应力均值循环次数

表6-8　　　　　　　一年内单跨构架避雷针底部法兰高强螺栓
风荷载作用下疲劳损伤值

平均风速（m/s）	不同位置	疲劳损伤	弯矩风振系数
42	*K-L*（二支撑避雷针底部法兰）	5×10^{-2}	1.992
	K-R（三支撑避雷针底部法兰）	3.9×10^{-2}	1.990

由表6-8可知，二支撑避雷针底部法兰盘高强螺栓的疲劳损伤值大于三支撑避雷针，此情况与该截面弯矩风振系数大小情况相同。若避雷针一直处于42m/s风速作用下，该高强螺栓在20年内会发生疲劳破坏。

随着避雷针高度的增加，法兰盘螺栓数目相应减少，二支撑避雷针距离地面38.5m（图6-78中*P*点）处存在法兰盘，在该法兰盘上方1m高度处（图6-78中*N*点）为与其相连的圆筒顶部截面，如图6-78所示。

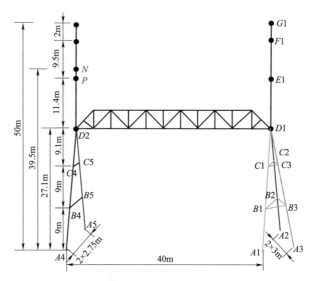

图 6-78 法兰盘位置示意图

法兰盘尺寸为 $R_1 = 732mm$，$R_2 = 572mm$，法兰盘上均布 16 个 8.8 级 M20 螺栓。

对单跨构架避雷针的梁单元模型进行动力时程计算，经过计算得到螺栓最大应力点的应力时程曲线，如图 6-79 所示。

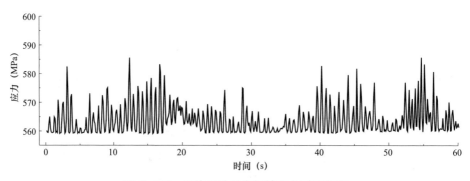

图 6-79 P位置法兰盘螺栓应力时程曲线

使用雨流计数法对上述应力时程进行统计，得到单跨构架避雷针应力幅值和均值及其相应的循环次数，如图 6-80、图 6-81 所示。

根据上图所示应力均值和幅值，计算出法兰盘高强螺栓 1 年内的疲劳损伤值为 9.3×10^{-4}。该疲劳损伤值小于避雷针底部法兰盘高强螺栓疲劳损伤值，因此，后文螺栓疲劳性能研究选取的是避雷针底部法兰盘高强螺栓。

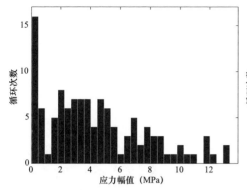
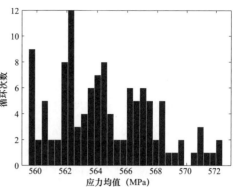

图 6-80　P 位置螺栓应力幅值循环次数　　图 6-81　P 位置螺栓应力均值循环次数

第六节　避雷针风致振动原因分析与抗疲劳设计

一、避雷针风致振动原因分析

根据现场实测数据，并结合理论计算结果，变电站避雷针结构容易倾倒的原因分析如下：

（1）圆管型避雷针的基频较小，属于风敏感结构，相比于格构式避雷针，在持续风环境下，其更易于发生风致振动。

（2）对接式法兰盘的强度完全依赖于高强螺栓的预紧力，在循环风荷载作用下，如果个别螺栓由于避雷针振动过大退出工作，易造成避雷针的脆性破坏。

（3）避雷针在构架平面外的刚度要小于构架平面内的刚度，使得避雷针在构架平面外的风致振动更易发生。

（4）三支腿交接位置是避雷针刚度突变部位，也是构架与避雷针连接处，同时还是法兰盘连接点。该处位置特殊，应力复杂，是避雷针的薄弱部位。

二、抗疲劳设计

要提高避雷针这种高耸钢结构的疲劳寿命，避免由于频繁振动而引起疲劳损伤，可以采用多种办法。从研究和设计角度，掌握疲劳破坏机理，提出合适的设计方法；改进结构，降低危险部位的应力；合理选材和采用强化工艺，以提高材料抗疲劳能力进行疲劳风振控制设计。从工艺的角度，按设计要求获得规定的表面粗糙度，在制造过程中不产生有害的表层残余拉应力；不使毛坯材料产生偏析、脱碳、夹杂、裂纹等缺陷。从使用的角度，避免和减少构件在运

行中受腐蚀作用；不造成误操作而使荷载骤增保持设备的完好性，定期检查维修，防止设备长期在不正常的情况下运行而加速受力件的疲劳和磨损失效。

以下从两方面来阐述避雷针结构抗疲劳措施：

（1）改善避雷针构件的疲劳性能。

（2）避雷针结构风振疲劳控制设计。

1. 改善避雷针构件的疲劳性能

承受动力荷载反复作用的高耸避雷针结构，当应力循环次数大于 10 万次时应当进行疲劳计算。但为了节约材料，设计时应力求使疲劳不对构件的截面设计起控制作用，这就需要设计者尽量提高构件及其连接的疲劳性能。

合理选材，应根据荷载情况包括静力和动力性质、所处环境温度和所用钢材厚度，选用合适的钢种并提出需要的技术要求（包括必要时的冲击韧性要求）等。在高应变低周疲劳时，决定性因素是塑性，应选择塑性好的材料；在低应变高周疲劳时，应兼顾强度和塑性，选择二者的最佳配合。同时，应选择疲劳裂纹扩展速率低、断裂韧性高的材料。

合理设计，设计时应注意选择合适的避雷针结构方案和杆件截面、连接及构造形式，避免截面的急剧改变，减小避雷针构件应力集中。

（1）工艺措施。

1）降低避雷针表面粗糙度，尽量避免划伤或刮痕，高强度材料对应力集中敏感，尤应注意采用降低粗糙度的精加工方法。

2）保持避雷针法兰盘配合面间的正确配合，如螺母与配合面间的垫圈不平时可以引起附加扭矩，使疲劳强度降低。

3）改进避雷针焊接结构的设计，使焊缝离开应力集中部位，将对接焊缝的凸出部分去除，将焊趾处做成圆角过渡，降低其应力集中。

4）防止避雷针焊接部位钢材局部过热，减小焊接残余应力，对厚钢板采用焊前预热、焊后保温或热处理等措施。

5）避雷针结构焊缝必须严格控制质量。

6）在避雷针制造过程中不产生有害的表层残余拉应力，在零构件表面引入残余压力。

7）不使毛坯材料产生偏析、脱碳、夹杂、裂纹等缺陷。

8）对避雷针结构和构件的拼装应采用合理的工艺顺序，提高精度，减小焊接和装配余应力。

9）选择合适的焊接工艺和参数，力求减少焊接尤其是手工焊容易产生的裂纹类裂纹缺陷，保证有合格焊工施焊和必要的质量检验，以保证合格优良的

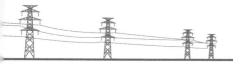

焊接质量。

10）尽量减少钢材的冷加工使钢材硬化和变脆的不利影响，如螺栓孔采用钻孔冲孔后扩钻，对剪切边刨除其毛刺和硬化区等。

（2）构造措施。

1）避雷针承受疲劳作用的构件，其细部构造应注意选用应力集中不严重的方案，当须采用应力集中比较严重的方案时，尽量把它放在低应力区。

2）适当加大、加厚避雷针危险截面尺寸。

3）设置附加支撑。

（3）局部表面处理。避雷针在弯曲和扭转循环荷载作用下，最大应力总是出现在表层某一范围内，提高表的疲劳强度就能延长构件的疲劳寿命。表面处理包括冷作强化、表面热处理强化表面喷丸处理、表面防护（液体涂层或金属涂层）以及调节和恢复材料性能等。

（4）使用与维护。应保证结构按设计规定的用途、荷载和环境条件使用，不得超越。建立必要的维修措施，检查结构发生裂纹或类裂纹等缺陷或损坏的情况，避免隐患发生及发展。具体表现为：

1）避免和减少构件在运行中受腐蚀作用。

2）不造成误操作而使荷载骤增。

3）保持设备的完好性，定期检查维修，防止设备长期在不正常的情况下运行而加速受力件的疲劳和磨损失效。

2. 避雷针风振疲劳控制设计

由于避雷针这种高耸钢结构的安全可靠度低，在风荷载作用下易引起各种复杂的风效应。一方面，在风荷载作用下容易引起避雷针塔架剧烈振动而影响其正常的使用功能甚至失稳破坏。另一方面，在风荷载作用下过于频繁的振动还可能导致避雷针塔架的疲劳损伤。为了避免避雷针结构由于过于频繁运动产生疲劳损伤乃至在强风作用下发生结构失稳破坏，可以考虑对其进行风振疲劳控制设计。

一般来说，结构振动控制主要包括主动控制、半主动控制和被动控制，也还有所谓的智能控制和混合控制等。主动控制需要实时测量结构或环境干扰，采用现代控制理论的主动控制算法在精确的结构模型基础上运算和决策最优控制力，最后制动器在很大的外部能量输入下实现最优控制力，主动控制装置通常由传感器、计算机、驱动设备三个部分组成。半主动控制的原理与主动控制基本相同，只是实施控制力的制动器需要少量的能量调节以便使其主动甚至巧妙地利用结构振动的往复相对变形或速度，尽可能地实现主动最优控制力。

被动控制不需要外部输入能量，而是通过控制装置来改变结构阻尼、刚度和质量，当结构振动时控制装置对结构施加控制力以减小结构动力响应。智能控制包括采用智能控制算法和采用智能驱动或智能阻尼装置的两类智能控制。混合控制是将主动控制与被动控制同时施加在同一结构上的结构振动控制形式。

对于避雷针风振控制系统，主要是通过调整装置的振动频率和阻尼器的阻尼系数，使控制系统在与主结构振型共振区域内吸收振型的振动能量。避雷针结构风振控制设计时，除了根据不同的振型设计，用以控制结构的加速度和位移以外，还可以根据出现概率最高、导致最大荷载循环次数的风速设计装置，用以控制疲劳应力幅来达到风振疲劳控制的目的。

由 Miner 线性累积损伤理论可知结构的疲劳寿命是可由结构在一段时期内的损伤推算得到的，而此时期内的累积损伤是和该时期内关键点处的应力幅及其相应的应力循环次数成正相关关系的。因此，如何能够降低风荷载作用下的应力幅是利用振动控制技术提高结构疲劳寿命的关键所在。

从对避雷针结构的整体动力分析结果可知，结构关键点处的应力幅值和该点处的位移响应成正比关系，故可通过控制结构关键点处动力响应的方法来达到降低该点的应力幅，从而达到提高避雷针结构整体疲劳寿命的目的。结构关键点处的疲劳损伤是由不同风速作用下所产生的损伤累积而成，对于风速较小的情况，由于该风速作用下关键点处的应力幅尚未达到引起疲劳损伤的门槛值，故几乎可以不用考虑其产生的疲劳损伤；而较大风速出现的频率较低，其产生的疲劳损伤也较小。故在结构的振动控制设计时应主要考虑对卓越风速即产生最大疲劳损伤的风速下结构动力响应的控制。

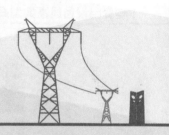

第七章 其他设备典型风害故障案例

第一节 风致隔离开关传动连杆脱离误动

一、故障概况

某 750kV 变电站,在大风作用下,750kV 隔离开关 GW11-800 型(双柱水平伸缩式)传动瓷柱上端与动触头杆传动盒之间的传动连杆发生脱离,导致 2 号主变压器三侧断路器跳闸。通过该事故,检查出另外一 750kV 变电站的 GW□-800 型(三柱式水平旋转隔离开关)存在类似问题。

二、检查情况

GW11-800 型隔离开关在旋转绝缘子带动三角连板拉动传动连杆作用下分合隔离开关,传动拉杆与三角连板使用一个垂直方向的球头螺栓连接,在螺栓底部有一个背帽;传动连杆另一侧是靠一个水平方向的球头螺栓与拐臂连接,现场检查发现部分隔离开关水平安装的球头螺栓未露出丝扣,未配背帽,而部分隔离开关水平安装的球头螺栓丝扣露出 2~3 扣,背帽安装后起到的作用不是很大,还易脱落,如图 7-1~图 7-3 所示。

从对 GW11-800 型隔离开关检查来看,出现的防风措施不完善表现在:螺栓底部无背帽、无顶丝或丝扣露出较少、背帽露出较少等。

GW□-800 型隔离开关传动瓷柱上端三角连板与动触头杆传动盒传动三角连板之间通过传动连杆连接,连杆两侧各使用一个球头螺栓连接且螺栓底部背帽,三角连板侧面有一个顶丝,如图 7-4~图 7-6 所示。

从以上对比情况可以看出,两种类型的隔离开关传动连杆都是使用球头螺栓连接,但 GW□-800 型隔离开关传动连杆两侧的球头螺栓是垂直方向安装,

垂直球头螺栓连接，螺栓底部有背帽固定，无顶丝

图 7-1　GW11-800 型传动瓷柱上端传动三角板与传动连杆连接

水平球头螺栓连接，螺栓底部无背帽，无顶丝

图 7-2　不带背帽 GW11-800 型隔离开关传动连杆与拐臂侧连接

水平球头螺栓连接，螺栓底部有背帽，但是丝扣露出较少，背帽易脱落

图 7-3　带背帽隔离开关 GW11-800 型传动连杆与拐臂侧连接

垂直球头螺栓连接，螺栓底部有背帽，有顶丝

图 7-4　GW□-800 型传动瓷柱传动三角板与传动连杆安装图示

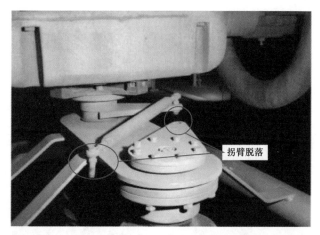

图 7−5　GW□−800 型传动瓷柱上端与动触杆传动盒间连接拐臂脱离

图 7−6　GW□−800 型球头螺栓丝扣与连板螺孔内丝扣有损伤，顶丝未紧固到位

且还有一个顶丝固定，而变电站使用的 GW11−800 型隔离开关传动连杆一侧的球头螺栓为垂直方向安装，另一侧为水平方向安装，水平方向的球头螺栓部分未露丝扣，也没有背帽，有背帽的其安装工艺不可靠，易脱落，且两侧球头螺栓也没有使用顶丝加固，其安装可靠性次于 GW□−800 型隔离开关。

三、整改措施

鉴于 750kV 变电站 GW□−800 型隔离开关传动连杆连接方式不可靠，导致设备故障，建议对 GW11−800 隔离开关进行全部整改。对于隔离开关连接部分，Q/GDW 106—2003《750kV 系统用高压交流隔离开关技术规范》有如下要求：隔离开关在规定的使用条件下，应能承受运行和操作时出现的电气及机械应力而不损坏、不误动和拒动。其金属制件（包括闭锁元件）应能耐受氧化而不腐蚀，并能耐受不同材料间的电蚀及材料热胀冷缩造成的附加应力的作用，各螺纹连接部分应防止松动，必要时在结构上应采取补偿措施；在风力、重力、地震或操动机构与隔离开关之间的连杆被偶然撞击时，隔离开关应能防止从合闸位置脱开或从分闸位置合闸。

按照该规范要求，GW11-800 型隔离开关传动连杆水平方向球头螺栓采取的防止松动措施不可靠，且在结构上也没有采取补偿措施，在后期的运行过程中有可能造成传动连杆脱落，导致隔离开关由分闸位置到合闸位置。

同时对其他厂房结构进行了核查，如图 7-7 所示，因此参照其他厂家设计最终解决方案，不再使用螺纹连接方式。

图 7-7　其他隔离开关结构形式

如图 7-8 所示，改造方式如下：

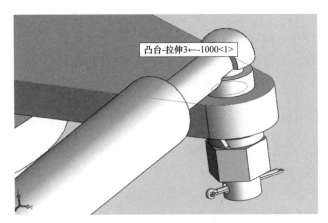

凸台-拉伸3←--1000<1>

图 7-8　结构改造示意图

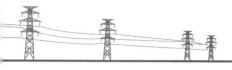

球头螺栓安装后必须配有完整的弹平垫，并配备双帽。

采用螺栓紧固剂（厌氧胶）进行加固补偿措施。

螺栓端部必须装有开口销。

第二节 风致复合绝缘子伞裙撕裂

一、概述

复合绝缘子在电力行业得到广泛应用，然而在西北某些风区出现了大量复合绝缘子伞裙撕裂问题，影响了复合绝缘子的安全运行。

复合绝缘子伞裙材料主要为硅橡胶，其弹性模量较低，因此伞裙整体抗弯刚度较低，在大风作用下伞裙出现大幅度摆动现象。而伞裙的大幅摆动导致其根部表面应力集中现象极为严重，在长期的循环应力作用下硅橡胶材料易出现疲劳甚至撕裂问题。

2011年5～6月和9月，运维单位累计发现某750kV 35基杆塔有49支复合绝缘子大伞裙从根部发生不同程度环、破损，单支绝缘子大伞裙破损为1～29片不等（整支绝缘子大伞裙为49片），其中39～42m/s风区破损47支，31m/s风区破损2支。破坏最严重的单支绝缘子损坏大伞裙数29片，破损率达到60.4%。严重的伞裙破损直接导致绝缘子有效爬距的大幅度降低。复合绝缘子大伞裙破损在各类串型中均有发生。统计显示，复合绝缘子在大风区的悬挂角度直接影响其破坏程度。破坏严重程度依次为 V 右串、Ⅰ 串、V+Ⅰ 串、V 左串。

国内外对于复合绝缘子的各项研究开展广泛，研究主要包括针对材料方面的硅橡胶憎水性、漏电起痕性能改性研究等，针对结构优化方面的提高绝缘子污闪电压、防覆冰闪络等，针对特殊气候环境方面的覆冰闪络问题、风沙闪络问题等。

新疆电力孟岩等与清华大学研究生院首次开展了强风下绝缘子的伞裙撕裂问题方面的研究，针对强风区绝缘子伞裙根部撕裂机理、绝缘子抗风机理及设计原则等方面开展了相关研究。

二、伞裙撕裂现状调查

某750kV输电线路途经"三十里"风区、"百里"风区，该线路设计风速为31～42m/s。伞裙撕裂故障主要集中在39～42m/s风区，其中有两基位于31m/s

风区。强风长时间作用于输电线路上的复合绝缘子，最终导致伞裙撕裂，如图7-9所示。

图7-9 绝缘子伞裙撕裂现场照片

造成风区的主要原因为：北部山区的海拔1103.5m，翻过山脊，海拔急剧下降至34.5m，最低处海拔1.0m，而两者之间的水平距离仅90km，此地形坡度陡峭。当冷空气入侵北部，经过山区谷地翻越山脊，从海拔1000多m向接近于海平面以下的盆地下泄时，势能变成动能，加上该地白杨河河口的狭管作用，常在该区域形成强劲的西北风。再加上冷暖空气的交汇，地势差、气压差、气温差，三"差"叠加，形成了强势大风。

从发生破损绝缘子的区域来看，49支破损绝缘子有47支发生在39~42m/s大风区，占破损绝缘子总数的96%。这些区域主要集中在小草湖地区，常年风频较高、风速较大。说明常年频繁的横线路大风是造成伞裙疲劳破损的主要外界原因。

49支破损绝缘子中有18支为边相悬垂串，31支为中相V串。这说明绝缘子破损与悬挂方式没有必然的因果关系，伞裙破损在大风区域呈普遍性。

从绝缘子结构形式来看，出现大伞裙（伞径为210mm）破损的复合绝缘子均为"三伞五组合"形式，排列方式为"大-小-中-小-大"，伞裙外径分别为"210-130-175-130-210"mm。这种伞裙结构的复合绝缘子属风动力型，能够充分利用微风振动达到自洁清污的作用，但在常年频繁的大风区使用时，反而成为加速伞裙疲劳破损的内在结构因素。750kV敦哈一、二线全线设计风速为31m/s，虽也使用了同样的复合绝缘子，但均未发生伞裙破损情况。处在"百里风区"36~42m/s风速气象条件下的750kV输电线路使用了其他形式的复合绝缘子，也均未发生破损。这进一步说明了"三伞五组合"形式的大伞裙复合绝缘子不适合在大风区内使用。

通过对该 750kV 线路"三伞五组合"形式的复合绝缘子和处在"百里风区"的使用的其他形式复合绝缘子硅橡胶疲劳龟裂实验，证明乌吐一、二线使用的复合绝缘子抗屈挠能力较差，疲劳情况下其裂纹发展的速度也相对极快（贯穿性破坏次数后者为前者的 7～8 倍）。这说明该线路使用的复合绝缘子材料应力极限值较低，不能长时间承受频率较高的大风作用力。

该输电线路及地形地貌如图 7−10 所示。

图 7−10　故障绝缘子所在输电线路及地形

根据附近两气象站点近 10 年的气象统计，其气象数据见表 7−1。

表 7−1　　　　　　　气 象 站 点 气 象 数 据

站名	气温（℃）		年大风日（d）	年雾凇日（d）	年平均风速（m/s）	年最大风速（m/s）
	年平均	极端最低				
站点 1	6.6	−31.9	159	3.7	60	34
站点 2	14.1	−25.5	79	0.3	2.8	40

通过对故障复合绝缘子的现场调研发现，伞裙撕裂故障由轻微到严重有如下几类情况：

（1）伞裙根部区域产生离散性针刺点。

（2）伞裙根部倒角处产生细微裂纹，伞裙表面硅橡胶材料破坏明显。

（3）从伞裙表面产生贯穿至另一面的撕裂，并在多组大伞上发生该撕裂故障。

此外，通过外力压迫伞裙形变过程中，出现以下两种情况：

（1）在某些外表完整的伞裙中，当其受外力作用出现大变形时，在根部区域逐渐出现细微裂纹，随着施加力的增大和形变加剧，该裂纹迅速扩展，形成撕裂故障。

（2）对产生针刺点的伞裙样品施加外力使其变形，可以发现针刺点逐步扩展为细小裂纹，接下来各个针刺点形成的裂纹相贯连，形成微观裂纹，并进一步发展，最终形成撕裂故障。

伞裙撕裂故障发生的阶段如图 7-11 所示。

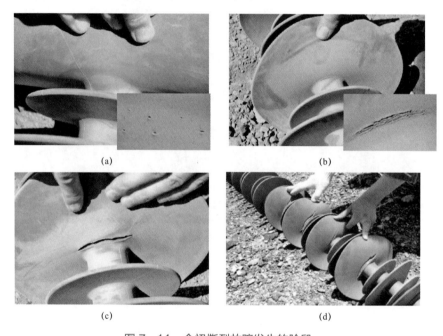

图 7-11　伞裙撕裂故障发生的阶段

（a）故障初期的针刺点；（b）故障发展为细微裂纹；（c）撕裂故障；（d）伞裙大面积破坏

三、强风下伞裙撕裂机理

由于复合绝缘子伞裙直径过大、伞间距较宽，长时间在较高频率大风的作用下，伞裙出现大幅度摆动，应力集中在大伞裙根部，累积效应后疲劳破损。在高速气流作用下，复合绝缘子会出现伞裙大幅度变形，该变形决定了绝缘子结构的应力分布。复杂结构和较小曲率半径处易产生较高的应力水平，该区域的应力会显著高于其他部位。

伞裙撕裂故障的产生过程总结如下：

（1）在强风气流下，复合绝缘子伞裙出现大幅度摆动现象，该现象导致伞裙根部应力集中，并且该应力周期性作用。

（2）在长期循环应力作用下，硅橡胶材料在应力集中区域出现疲劳松弛现象，该区域位于伞裙根部圆弧形倒角内。

（3）随着材料疲劳的加深，伞裙表面开始产生离散的针刺点，单个针刺点面积小于 $1mm^2$。

（4）随着循环应力的持续作用，针刺点逐渐发展为独立的细小裂纹，进一步各细小裂纹相互贯连，形成较为显著的表面裂纹。

（5）表面裂纹一方面沿伞裙表面横向发展，长度不断增加；另一方面深入伞裙内部，向伞裙另一面扩展，最终发展为贯穿性的撕裂故障。

四、处理及防范措施

2011 年 6～9 月，运维单位已对出现破损的 49 支复合绝缘子进行了更换，更换为带有加强筋的抗风型复合绝缘子形式，通过半年多的运行，目前所更换的复合绝缘子运行正常。

推荐强风区运行工况，大小伞配合强风区运行工况，大小伞配合尺寸：绝缘子大伞裙与相邻伞裙的伞径差不超过 40mm。

在强风区运行工况下伞裙边缘厚度及根部，非对称伞型主要控制边缘厚度以及根部厚度的推荐尺寸见表 7-2。

表 7-2　　　　　非对称伞型伞裙边缘厚度及根部倒角推荐尺寸

伞型	边缘厚度（mm）	根部厚度（mm）
非对称伞型	3.8～6	13～16

第三节　强风致设备线夹断裂

一、事件概况

2014 年 4 月 17 日、23 日，发生两起因强风导致某 750kV 变电站设备线夹断裂事件。4 月 17 日哈某二线后台监控机发出 TV 断线信号，运行人员巡视发现哈某二线 C 相线路电压互感器至线路一次引线上端靠线路侧连接 T 型线夹断裂、脱落，如图 7-12～图 7-14 所示。

图 7-12　哈某二线设备线夹脱落现场

图 7-13　设备线夹断裂脱落、导线散股

图 7-14　断裂的设备线夹

事件发生后,施工单位开展抢修工作,于 4 月 18 日 22 时 06 分完成对 750kV 哈某二线 C 相线路电压互感器至线路连接 T 型线夹的恢复工作,4 月 19 日 00 时 25 分送电正常;相关部门召开了分析会议,从 T 型线夹的断裂面上观察有缩松、气孔缺陷,整个断裂面材质晶粒较粗,初步判断为金具制造质量工艺不良,会议要求对断裂 T 型线夹进行材质检测分析,对此型号 T 型线夹连接位置从设计图纸上进行核查,并讨论、制订了消缺方案,于 5 月 8 日停电对哈某一线三相哈某二线其余两相 T 型线夹进行停电更换处理。

2014 年 4 月 23 日变电站所属地区出现强沙尘天气,如图 7 – 15 所示。11 时 43 分,该变电站 750kV 哈某二线 7561 断路器、7560 断路器跳闸,重合成功。运行人员巡视发现哈某二线 B 相线路电压互感器至线路一次引线上端靠线路侧连接 T 型线夹断裂、脱落;11 时 57 分,750kV 哈某一线后台监控机发出 TV 断线信号,运行人员巡视发现哈某一线 C 相线路电压互感器至线路一次引线上端靠线路侧连接 T 型线夹断裂、脱落。线路停运后,在 23 日 13 时 20 分、24 日 0 时 35 分运行人员相继发现 750kV 哈某一线 B 相、A 相电压互感器至线路一次引线上端靠线路侧连接 T 型线夹断裂、脱落,如图 7 – 15、图 7 – 16 所示。

图 7 – 15 强风沙导致哈某一线 T 型线夹断裂

4 月 25 日 01 时 55 分完成对 750kV 哈某一线三相线路电压互感器至线路的连接 T 型线夹的恢复工作,03 时 38 分送电正常;于 4 月 25 日 22 时 36 分完成对 750kV 哈某二线三相线路电压互感器至线路的连接 T 型线夹的恢复工作,4 月 26 日 0 时 28 送电正常。

图 7-16　断裂的 T 型线夹

二、事件原因分析

哈某一、二线工程是 2013 年扩建工程，2012 年 6 月开工，2013 年 6 月投运；断裂的 T 型线夹是某公司生产的 TYS 型双分裂 T 型线夹，型号是 TYS-1600kk/400—220×220，设备线夹是施工单位自购。

该扩建工程，750kV 导线连接 T 型线夹选型同一、二、三期工程保持一致，出线侧 TV 引线线夹为 TLY-1600KK 型 T 型线夹（简称 TLY 线夹），上跨线与 750kV 母线连接处开裂为 TYS-1600KK/400TYS 型双分裂 T 型线夹（简称 TYS 线夹）。施工单位在 750kV 哈某一、二线安装时，考虑到引线工艺美观，口头征询设计单位、监理单位同意，将 750kV 哈某一、二线电压互感器至线路一次引线上端靠线路侧连接 T 型设备线夹由 TLY-1600KK/400 型调整为 TYS-1600KK/400，没有按规定履行设计变更手续。

对断裂的设备线夹，委托两家检测单位进行检测分析。

第一家检测单位对 750kV 哈某二线 C 相断裂的 T 型线夹进行断口宏观检查、硬度测量、材质元素及金相组织分析，结论是线夹产品质量不合格，主要是 T 型线夹局部设计不合理、铸造缺陷及材料力学性能偏低。

第二家检测单位对 750kV 哈某一、二线在运行中已损坏的 4 只 T 型线夹及一只完好的 T 型线夹进行了检验，结论是化学成分分析结果符合 GB/T1173—1995 铸造铝合金 ZL102 材质要求，其中完好的金具破坏荷载试验在 30.5kN 时被拉断，未达到此型号 T 型线夹破坏荷载设计值 43kN 要求。

该变电站设备线夹在大风情况下导致断裂，经过分析论证，归结于以下几

点：

（1）施工单位自购的750kV哈某一、二线T型线夹，制造工艺质量不良，T型线夹破坏载荷达不到型式试验标准要求，对自购材料产品质量监督不到位，没有按图纸施工，是造成线夹在运行中发生断裂的主要原因。

（2）监理单位对工程质量监督不到位，没有对进入现场的材料、设备质量进行认真监督，设备线夹型号变更没有履行设计变更手续，是造成线夹在运行中发生断裂的次要原因。

（3）项目建设管理单位对施工质量管理不到位，对施工单位自购材料、设备质量监督不到位，没有督促施工单位按图施工，没有监督相关单位及时履行设计变更手续，是造成线夹在运行中发生断裂的次要原因。

（4）运行单位对新设备验收把关不严，对不符合设计图纸要求的设备线夹没有及时要求整改，是造成线夹在运行中发生断裂的次要原因。

三、防范措施

（1）建设管理单位要高度重视750kV关键连接设备的质量管理，将关键设备纳入省公司统一评标范围，并按"三个百分之百"全覆盖原则（供应商全覆盖、中标批次全覆盖、设备型号全覆盖）开展抽检工作；加强对施工单位自购材料的质量管理，制订自购材料质量监督管理制度，建立工程自购材料质量监督机制，督促施工单位按规定开展自购材料的质量抽检工作。

（2）加强输变电设备安装质量管控，严格按设计图纸进施工作业，如有变更应得到监理、设计及建设管理单位的书面同意后方可执行，认真执行施工单位"三级自检"制度，确保工程建设质量符合设计图纸及相关技术标准要求。

（3）充分发挥监理的质量管控作用，强化监理责任落实，重点部位、关键工序要运用见证、旁站、巡视、平行检验等量控制手段，严格质量监督，对不符合设计图纸及相关质量标准的工艺提出改进措施并监督整改。

（4）运行单位要强化质量安全意识，加强新投设备首检式验收质量管理，特别是对高空设备要按照设计图纸相关技术标准，进一步明确首检式验收内容，保证所有验收项目符合标准要求，且验收记录应详实、完整，确保输变电设备"零缺陷"投入运行。

（5）结合输变电设备技改大修、定检消缺工作，开展变电站备用连接金具的排查治理，特别是针对本次发生故障的同类型、结构金具要进行重点检查，查看是否存有裂纹及结构设计不合理现象，一经发现及时更换，防止类似事件重复发生，确保电网及设备安全稳定运行。

（6）加强工程建设质量事件监督管理，严格执行工程质量管理各项制度，发生因工程建设质量造成的各类事件，要按照"四不放过"的原则认真分析原因，强化措施落实，防止同类事件重复发生。

第四节　隔离开关合闸位置偏移

一、事件经过

2014年5月30日16时，某变电站在开展750kV隔离开关特巡时发现750kV达某线C相高抗7501DK隔离开关线路侧动触头合闸位置发生偏移，如图7-17所示，7501DK隔离开关高抗侧动触头合闸位置在正常位置，如图7-18所示。

图7-17　7501DK隔离开关靠电压互感器侧动触头正面

图7-18　7501DK隔离开关靠电压互感器侧动触头正背面

发现故障后，运维人员调取近期变电站的气象记录如下：从 5 月 8 至 5 月 30 日，每日最大风速在 10～22.6m/s（5～9 级）。现场巡视测温正常，测温时负荷电流 147.80A，详细数据见表 7－3。

表 7－3　　　　　　　　　隔离开关温度测量数据

设备名称	测量部位	测点温度（℃）	备注
7501DK 隔离开关	A 相出线侧触头	16.8	
	B 相出线侧触头	17.8	
	C 相出线侧触头	21.3	位置偏移处
	A 相高抗侧触头	22.5	
	B 相高抗侧触头	22.2	
	C 相高抗侧触头	16.8	

期间检修人员对隔离开关操作机构位置、传动连杆位置、传动部件固定螺栓、导电部分外观（包括上下弹簧的压紧情况、一次导线与隔离开关连接情况等）和主、地刀的机械闭锁情况进行了检查，情况正常。

二、分析处理

相关单位及部门商讨确定了初步检查方案，判断隔离开关出线侧接线板所连接的一次引线弧度较小，可能对隔离开关静触头有横向推力，加上风力作用导致隔离开关合闸位置偏移。

750kV 达某线转检修后，检修人员使用高空作业车对合闸位移静触头进行了全面检查，发现该动静触头连接板、弹片、触指均完好，螺栓齐全紧固，动静触头夹紧力良好，但对动触头的垂直度是否满足规程要求存在争议。另外，检查隔离开关其他两相，其合闸位置良好。

现场工作人员将隔离开关手动拉开，再次合闸后故障处动触头插入静触头位置符合要求，压紧力合格。针对一次导线内部应力问题，现场将隔离开关线路侧静触头之间的下引线与隔离开关接线板螺栓解开后未发现横向应力，导线无明显位移，故可以排除该故障是导线自身应力所导致的原因。

再一次对隔离开关进行全面检查，主要内容如下：

对三相隔离开关绝缘子之间、绝缘子与底座、底座与钢支架等法兰面螺栓进行紧固度检查，发现 C 相第一节绝缘子与第二节绝缘子法兰螺栓有一颗松动

（共 8 颗），使用大力矩扳手还发现底座与钢支架等法兰面螺栓普遍存在松动，C 相松动较大，其余螺栓紧固度良好。

隔离开关整体传动系统检查，包括连接部件、固定螺栓、水平连杆水平度、垂直连杆垂直度、动静触头开距和定位止钉等，检查结果无异常，均符合厂家技术要求。

电动、手动分合试验，隔离开关分合闸轨迹、位置正确。

静触头弹簧触指弹力，合闸和上下弹簧压缩量，动静触头压紧力和触头表面情况检查，动触头垂直度存在争议，其余结果正常。

利用全站仪对支柱和旋转绝缘子的垂直度进行测试，测试结果显示隔离开关绝缘子偏斜较小，随后对动静触头压紧力进行了调整，增加了压紧力。

三、原因分析

通过停电以来的检查工作，认为隔离开关自身分合闸性能没有问题。主要原因是上方一次引线在大风下的风摆力度作用于隔离开关静触头，隔离开关动、静触头间的夹紧力不足以抵消风摆力，动、静触头之间发生位移。位移后风摆力消失，动静触头保持在新的位置。

现场处理人员在对隔离开关的检查工作中，对隔离开关的分合闸性能进行了全面检查、调试，目前该隔离开关性能正常。同时，该隔离开关静触头的绝缘导向块在靠近弹簧触指外侧处有一防止动静触头分离的突起，该设计可以保证动触头不会滑出静触头触指。本次隔离开关位移量尚未到达该限位处。结合多方意见，认为隔离开关具备安全运行的条件。

四、防范措施

运维人员在后期运行工作将加强大风特殊天气和日常巡视中对于隔离开关的分合闸位置、传动部件、紧固螺栓等的巡视工作。

厂家继续对本次隔离开关合闸位置偏移情况进行全面分析。其中应着重进行该型隔离开关的抗风能力测试，特殊是突变风力作用下的隔离开关稳定性分析，并提出隔离开关各紧固件的防风措施和要求。根据现场运维经验，与其他制造厂的结构进行对比，应对三柱水平翻转式隔离开关静触头设计有合闸导向片，在合位时具有防止动触头脱出静触头的作用，结构如图 7—19 所示。在大风地区隔离开关从结构和技术上应该满足防止恶劣天气下隔离开关带负荷拉刀闸的措施，厂家单位公司应借鉴其他公司针对此方面的有效措施，对现有已投运的设备进行完善化技术改进，满足大风地区运行要求。

图 7-19　防止动静触头脱开的隔离开关

对隔离开关与连接一次引线方式的各项数据重新进行核算，包括导线与隔离开关的抗拉力、导线和隔离开关在强风速下设备变形等。建议对隔离开关与 TV 间使用管母连接，引下线 T 接至管母上，这种接线方式将风摆作用力对静触头的作用明显减弱。

梳理目前变电站一次接线方式中，存在引下导线直接连接到隔离开关静触头的部位，排查类似隐患，给出优化设计方案，以满足地区大风天气下安全稳定运行。

第五节　直流出线刀闸支柱倾斜

一、事件概况

某±800kV 换流站现场运维人员在站内风沙情况下开展特殊巡检，目测和对比发现某换流站站极 2 直流出线刀闸略微向西侧倾斜，动触头上导电杆红线标记明显在静触头导向罩喇叭口外侧，如图 7-20、图 7-21 所示。观察该刀闸三个钢支柱底部水泥墩子均有东西方向的贯穿性裂纹，如图 7-22 所示。运维人员立即组织测温，结果无异常。

二、分析处理

厂家人员来站检查，再次测温，环境温度约 5℃，电流 1860A，结果无异常。厂家确认支柱有倾斜，正常的动触头上导电杆红线标记应该至少与导向罩喇叭口平面平齐，但实际直接目测动触头上导电杆红线标记偏离在静触头导向罩喇叭口平面约 7cm，其中红线粗 4cm。

图 7-20 隔离开关支柱倾斜全景

图 7-21 隔离开关动触头处于导向罩外侧

  应用电子经纬仪来站再次测量支柱偏离度，通过电子经纬仪目测设备支柱整体向西偏垂直度约 11.5cm（钢支柱向西倾斜约 1.5cm，支柱绝缘子向西约 10cm），向南偏垂直度约 4cm，所以向西南方向偏约 12.2cm。动静触头距离地面 16.587m，所以与铅垂方向倾斜度约 0.4°，偏向西南方，如图 7-23 所示。

图 7-22 水泥基础出现裂缝

(a)

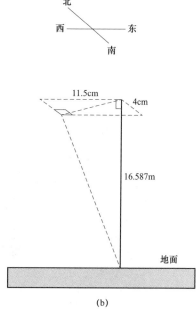

(b)

图 7-23 应用经纬仪测量支柱偏斜

（a）现场测量偏斜度；（b）测量结果

电子经纬仪观测动触头上导电杆红线标记偏离在静触头导向罩喇叭口平面约 6～7cm，与直接目测结果一致，与通过电子经纬仪目测的 11.5cm 略有误差。

通过以上数据分析可以断定静触头侧整体支柱有偏离铅垂线的倾斜度约0.4°。经分析有两种原因：一是钢支柱地下基础倾斜导致整体倾斜，基础倾斜可能是三个钢支柱中西侧的两个钢支柱基础沉降；二是支柱绝缘子在长期风力作用下受力倾斜，导致整体支柱倾斜。

三、防范措施

利用停电期间矫正处理刀闸。

持续关注该刀闸运行状态，发现异常立即采取相应措施。

核算支柱绝缘子受力状态，绝缘子顶部在强风下的偏斜情况。

对于类似支柱绝缘子长细比较大的设备进行排查，判断其运行状态。

第六节 风致隔离开关均压环损坏

一、事件概况

某 330kV 变电站在大风过后的特巡中发现刀闸均压环焊接处断裂，巡视时发现 33411 刀闸 C 相（母线侧）静触头下均压环固定支撑与均压环焊接处断裂，挂靠在刀闸支持瓷柱。33411 刀闸靠母线侧均压环一侧从支撑筋与均压环焊接处完全断裂，如图 7-24 所示。

图 7-24 33411 刀闸均压环完全断裂

及时安排对 330kV Ⅰ 母侧刀闸均压环进行整体检查。检查中发现 33411 刀闸 A 相、33211 刀闸 C 相母线侧静触头下均压环支撑筋与均压环焊接处有裂纹，

其余设备未发现明显裂纹，如图7-25所示。

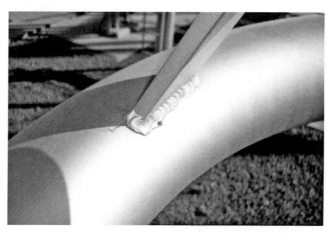

图7-25　刀闸A相均压环一侧支撑与均压环焊接处有裂纹

二、原因分析

该均压环支撑筋与均压环中心线偏心，固定后受力不对称，长期运行在大风环境中，均压环相对支撑筋中心线两侧摆动，长期的不平衡颤动会引起局部疲劳撕裂，导致断裂截面逐步增加直至全部撕裂。

三、防范措施

在对现运行的均压环进行模拟风载的试验验证的基础上改进均压环连接结构，增加强度。具体措施如下：

（1）均压环支撑筋由2条增加到4条。

（2）均压管增加不锈钢抱箍。

（3）全面排查运行在风区地区的同型、同结构的均压环，并结合设备年度停电、检修时机进行全面更换。

参 考 文 献

[1] 张相庭. 结构风工程：理论规范实践 [M]. 北京：中国建筑工业出版社，2006.

[2] GB 50009—2012. 建筑结构荷载规范 [S]. 北京：中国建筑工业出版社，2012.

[3] 张相庭. 工程抗风设计计算手册 [M]. 北京：中国建筑工业出版社，1998.

[4] 黄本才. 结构抗风分析原理及应用 [M]. 上海：同济大学出版社，2001.

[5] GB 50017—2003. 钢结构设计规范 [S]. 北京：中国计划出版社，2003.

[6] 王之宏. 桅杆结构的风振疲劳分析 [J]. 特种结构，1994（3）：3－8.

[7] 黄健. 桅杆结构随机风振疲劳及控制研究 [D]. 同济大学，2004.

[8] 李杰，刘章军. 随机脉动风场的正交展开方法 [J]. 土木工程学报，2008，41（2）：49－53.

[9] 刘章军，李杰. 脉动风速随机过程的正交展开 [J]. 振动工程学报，2008，21（1）：52－56.

[10] 董新胜，张军锋，杨洋，等. 脉动风紊流度的相关参数分析 [J]. 结构工程师，2019，3（6）155－160.

[11] 张禹芳. 我国 500kV 输电线路风偏闪络分析 [J]. 电网技术，2005（7）：65－67.

[12] 吴维宁，吴光亚，张勤，等. 1000kV 特高压交流绝缘子的使用及运行特性 [J]. 高电压技术，2011，37（1）：15－20.

[13] 丁永辉. 中相 V 型绝缘子串的设计要点 [J]. 江苏电机工程，2004，23（6）：59－61.

[14] 罗先国. 特高压绝缘子串风偏研究 [D]. 华中科技大学，2012.

[15] 肖林海. 特高压悬垂绝缘子串的风偏特性 [D]. 华中科技大学，2013.

[16] 孔德怡，李黎，龙晓鸿，等. 悬垂绝缘子串动态风偏角有限元分析 [J]. 电力建设，2008，29（9）：5－9.

[17] 郑佳艳. 动态风作用下悬垂绝缘子串风偏计算研究 [D]. 重庆大学，2006.

[18] 林雪松. 悬垂绝缘子串风偏角计算公式中风荷载调整系数研究 [D]. 重庆大学，2008.

[19] 董新胜，李耀中. 新疆输电线路绝缘子风偏角影响因素分析 [J]. 电力建设，2008，29（7）：38－40.

[20] 张东，董新胜，陶风源，等. 减少季风对输电线路绕击影响的研究 [J]. 电瓷避雷器，2014，259（3）：57－61.

[21] DL/T 5219—2014. 架空送电线路基础设计技术规程 [S]. 北京：中国计划出版社，2015.

［22］张振泉,张东,李晓光,等.一起 750kV 输电线路风偏跳闸原因分析及改造措施研究
［J］.电瓷避雷器,2017,276（2）：168－173.

［23］董新胜,张东,郭克竹,等.绝缘护套对输电线路导线风偏的影响［J］.广东电力,
2018,31（1）：127－131.

［24］杨现臣,李新梅.新疆大风区输电线路 U 型环磨损试验分析［J］.铸造技术,2016,
23（10）：2055－2057.

［25］劳海军.架空输电导线的表面接触与磨损机理研究［D］.三峡大学,2009.

［26］张丽.输电线绝缘子金具的风振响应及疲劳特性分析［D］.苏州大学,2010.

［27］王猷.冲击磨料磨损机理研究［D］.昆明理工大学,2003.

［28］唐波,杨旸,孟遂民.山区超高压输电线路地线金具的磨损研究［J］.四川电力技术,
2011（1）：12－15.

［29］毕虎才,董勇军,冀晋川.电网线路金具断裂及预防［J］.山西电力,2014（1）：22－24.

［30］柴志华,张树林,蔚泽廷.220kV 忻义线 116 号金具断裂分析［J］.山西电力,2013
（2）：67－69.

［31］张宏志,苏广明,董云鹏,等.500kV 输电线路球头挂环断裂原因分析及对策研究［J］.东
北电力技术,2013（9）：43－46.

［32］王安妮,陈原,于建斌,等.球头挂环疲劳试验方法研究［J］.华北电力技术,2012
（8）：38－42.

［33］杨迎春,周世同,李鹏,等.热喷涂技术提高输电线路悬垂金具耐磨性的应用研究
［J］.昆明理工大学学报（自然科学版）,2013（5）：11－15.

［34］董新胜,何山.强风导致新疆输电线路金具断裂原因分析与治理［J］.陕西电力,2017,
45（6）,87－90.

［35］钱公.输变电线路金具失效原因分析［J］.华北电力技术,1997（8）：20－22.

［36］姜福泗.线夹船体凸轴的磨损及预防对策分析［J］.中国电力,1996（8）：19－22.

［37］陈传晓.疲劳与断裂［M］.武汉：华中科技大学出版社,2002.

［38］张行,赵军.金属构件应用疲劳损伤力学［M］.北京：国防工业出版社,1998.

［39］李本海.金属摩擦副的机械疲劳与滚动摩擦和滑动摩擦复合损伤的初步研究［D］.武
汉材料保护研究所,2003.

［40］周仲荣,朱旻昊.复合微动磨损［M］.上海：上海交通大学出版社,2004.

［41］陈娟.不同磨损状态下的磨粒特征研究［D］.昆明理工大学,2007.

［42］梁伟,李勇杰,王建,等.基于改进型 QSPM 矩阵的线路连结金具寿命评估方法［J］.电
瓷避雷器 2017,3：187－192.

［43］王立福,张东,董新胜,等.一起 750kV 带电跨越施工跨越架断裂事故分析［J］.机

电信息，2017 - 06 - 26 13：55.

[44] 杨肖辉，张东，李晓光，等. 750kV 输电线路风偏跳闸原因分析及改造措施研究 [J]. 电气工程学报，2017，12（1）：40 - 46.

[45] 张殿生. 电力工程高压送电线路设计手册 [M]. 北京：中国电力出版社，2003.

[46] 卢明良，徐乃管. 自阻尼条件下架空导地线风振强度计算分析 [J]. 电力建设，1995，（6）：2 - 4.

[47] 孔德怡. 基于动力学方法的特高压输电线微风振动研究 [D]. 华中科技大学，2009.

[48] 吴濡生，夏令志. 输电线路风害的成因与运维防范对策的改进 [J]. 电力安全技术，2016，18（8）：9 - 12.

[49] 李军阔. 高压输电导线微动疲劳研究 [D]. 东北电力大学，2013.

[50] Lu，M. L，Chan，J. K. An efficient algorithm for Aeolian vibration of single conductor with multiple dampers [J]. IEEE transmissions on 2007 Power Delivery，2007，V01. 22（3）：1792 - 1812，1822 - 1829.

[51] 王景朝，徐乃管. 复合交变应力条件下的导线疲劳试验方法 [J]. 电力建设，2001，V01. 22（2）：18 - 20.

[52] 陈浩宾. 高压输电导线微动损伤及微动疲劳寿命预测 [D]. 华中科技大学，2008.

[53] 邵天晓. 架空送电线路的电线力学计算 [M]. 北京：中国电力出版社，2003.

[54] 郑玉琪. 架空输电线路微风振动 [M]. 北京：水利电力出版社，1987.

[55] 汪之松. 特高压输电塔线体系风振响应及风振疲劳性能研究 [D]. 重庆大学，2009.

[56] 沈国辉，张帅光，楼文娟，等. 考虑风攻角的硬跳线气动力系数和风偏计算 [J]. 振动与冲击，2021，40（13）：1 - 8.

[57] 杨风利，张宏杰，王飞，等. 输电线路导线阵风响应系数研究 [J]. 振动与冲击，2021，40（5）：85 - 91.

[58] Kasperski M，Niemann H J. The LRC（load-response-correlation）- method a general method of estimating unfavourable wind load distributions for linear and non-linear structural behaviour[J]. Journal of Wind Engineering and Industrial Aerodynamics，1992，43（1 - 3）：1753 - 1763.

[59] Deodatis G. Simulation of ergodic multivariate stochastic processes [J]. Journal of Engineering Mechanics，1996，122（8）：778 - 787.

[60] 刘青文. 采动区输电塔线体系风振响应分析 [D]. 徐州：中国矿业大学，2016.

[61] 李素杰. 输电塔结构风致疲劳分析 [D]. 华中科技大学，2013.

[62] 中南电力设计院. 变电构架设计手册 [M]. 武汉：湖北科学技术出版社，2006.

[63] DL/T 5457—2012. 变电站建筑结构设计技术规程 [S]. 中国计划出版社，2012.

［64］ Vanderbilt M D．Analysis and of single-pole transmission structures［J］．Computers and Structures，1988，28（4）：551－562．

［65］ 张兆凯．变电站在役避雷针塔受力分析与剩余寿命评估［D］．天津大学，2014．

［66］ 王璋奇，陈海波，周邢银．垭口型微地形对输电线路风载荷影响的分析［J］．华北电力大学学报（自然科学版），2008，（4）：23－26．

［67］ DL/T 5457—2012《变电站建筑结构设计技术规程》［S］．北京：中国计划出版社，2012．

［68］ GB 50545—2010．110kV～750kV 架空输电线路设计规范．［S］．北京：中国计划出版社，2010．

［69］ Shinozuka M．Simulation of multivariate and multidimensional random processes［J］．Journal of the Acoustical Society of America，1971，49（1）：357－368．

［70］ 董新胜，杨洋，黄耀德，等．基于临界风速的高压变电站避雷针涡振分析［J］．工程与建设，2018，32（6）：872－874．

［71］ 邓鹤鸣，李勇杰，蔡炜，等．沙漠区域输电问题研究现状及展望［J］．高电压技术，2017，42（6）：1848－1854．

［72］ 邓鹤鸣，李勇杰，王建，等．同塔多回线路绝缘子机械性能试验及试验过程的电气性能评估［J］．中南民族大学学报（自然科学版），2017，36（3）：74－79．

［73］ 赵建平，邓鹤鸣，张伟，等．线路金具沙粒磨损模拟试验：试验设置与电晕分析［J］．高电压技术，2018，44（9）：2904－2910．

［74］ 邓鹤鸣，蔡炜，张伟，等．线路金具沙粒磨损模拟试验：机械性能与微观分析［J］．高电压技术，2018，44（12）：3920－3928．

［75］ Heming Deng，Wei Cai，Jinsong Liu，et al．Fiber Bragg grating monitors for thermal and stress of the composite insulators in transmission lines［J］．Global Energy Interconnection，2018，1（4）：380－387．

［76］ DL/T 741—2019．架空输电线路运行规程［S］．北京：中国电力出版社，2019．

［77］ 朱弘钊，李勇杰，王建，等．沙漠区域输电线路连接金具磨损性能试验及磨损趋势预测［J］．电瓷避雷器，2017，140（4）：152－156．

［78］ GB 50233—2014．110kV～750kV 架空线路施工及验收规范［S］．北京：中国计划出版社，2014．

［79］ Kasperski M．Extreme wind load distributions for linear and nonlinear design［J］．Engineering Structures，1992，14（1）：27－34．

［80］ 董新胜，李勇杰，马捍超，等．超（特）高压变电站高耸结构避雷针脉动风荷载模拟［J］．电气工程学报 2017．12（12）：36－40．

［81］ 王浩博. 考虑风速向联合分布的高耸结构顺风向风致疲劳寿命预测分析 ［D］. 西南交通大学，2015.

［82］ 穆国煜. 避雷针结构法兰盘高强螺栓风致疲劳研究 ［D］. 郑州大学，2018.

［83］ 徐国彬，崔杰. 网架结构疲劳及其疲劳寿命计算［J］. 建筑结构学报，1994（2）：25-34.

［84］ 雷宏刚，毕朝锐，刘丽君，等. M20 高强螺栓变幅疲劳试验研究及疲劳寿命估算 ［C］. 中国钢结构协会结构稳定与疲劳分会 2002 年学术交流会暨钢结构教学研讨会，中国江西南昌，2002.

［85］ 冯砚厅，李文彬，李金奎，等. 输电线路预绞式防振锤对导线磨损机理及预防措施研究 ［J］. 电网与清洁能源，2021，37（3）：24-30.

［86］ 周伯贤. 高强螺栓受拉疲劳性能研究 ［D］. 华南理工大学，2016.

［87］ 陈寅，陈传新，张华，等. 换流站避雷线塔风振系数计算［J］. 电网与清洁能源，2011，27（8）：50-52.

［88］ 董新胜，张军锋，杨洋，等. 变电站高耸避雷针顺风向风振响应分析 ［J］. 结构工程师，2020，2（36）：144-148.

［89］ 董新胜，张军锋，杨洋，等. 变电站构架避雷针风振响应分析［J］. 结构工程师，2020，4（36）：106-113.

［90］ 董新胜，黄耀德，管品武，等. 变电站避雷针法兰盘高强螺栓风振疲劳性能分析［J］. 水利与建筑工程学报，2019，17（3）：99-102.

［91］ 董新胜，张军锋，马勤勇，等. 连体构架避雷针风振计算的简化方法 ［J］. 力学季刊，2021，42（1）：187-196.